INTELLIGENCE ARTIFICIELLE

Des hauts & Débats
Communication / Cultures / Médias et TIC / Société
dirigée par Pascal LARDELLIER,
Professeur à l'Université de Bourgogne (Dijon),
Directeur éditorial et scientifique, Groupe IGS, Paris

Cette collection accueille des essais consacrés à des sujets de société et à des thèmes d'actualité faisant débat. Les ouvrages publiés par la collection sont écrits d'une plume engagée mais toujours argumentée.

Il s'agit de pourvoir la communauté académique et la société civile en éléments de réflexion exigeants sur des sujets faisant débat et parfois polémique, pour poser un regard critique et rigoureux sur un monde en métamorphose.

Les institutions, les médias, les TIC, la culture et les grands systèmes idéologiques sont passés au crible des titres de « Des Hauts et Débats ».

Pour toute information : pascal.lardellier@u-bourgogne.fr

Dernières parutions

Anne Parizot (dir.), *Les confréries, identités et discours. Patrimoine immatériel entre terroir et territoire*, 2021.

Richard Delaye-Habermacher, Yves Enrègle et Pascal Lardellier (dir.), *Le respect. Du respectable au respecté, à l'ère des interdits et de la transgression,* 2020.

Yves Enrègle, *L'identité, cette ombre qui nous éclaire. Méditation sur le pouvoir, la mémoire et l'histoire*, 2020.

Kathleen Tamisier, *La famille en révolution. Sexe, amours et déceptions*, 2020.

Régine de La Gorce, *L'Humanité à L'Œuvre. Positions et postures des presses communiste et collaborationniste pendant l'Occupation (mai 1940 – juin 1941)*, 2020.

Claudine Batazzi et Veronique Pillet-Anderlini (dir.), *Tourismes & territoires : des milieux, des dispositifs et des hommes*, 2020.

Sous la direction de
Alain Kiyindou, Etienne Damome
et Noble Akam

Intelligence artificielle

Questions éthiques et enjeux socioéconomiques

Préface de Jean-Michel Besnier

L'Harmattan

5-7, rue de l'École-Polytechnique, 75005 Paris

http://www.editions-harmattan.fr

ISBN : 978-2-343-25337-4
EAN : 9782343253374

PRÉFACE

Jean Michel BESNIER
Université Sorbonne Nouvelle

L'ambivalence est le propre des technologies. Les contributions réunies dans ce livre le révèlent : certaines en contestent le pouvoir, d'autres en soutiennent l'impact positif sur l'évolution de nos sociétés. Dans les deux cas, leur acceptabilité est discutée en fonction de critères qui ne paraissent pas devoir s'accorder. C'est ainsi qu'on invoque des réalités qui ne sont pas immédiatement homogènes : l'intelligence artificielle conçue comme la mise en œuvre d'un langage artificiel tel que Leibniz, et plus tard Boole, en ont rêvé, et qui n'est pas assimilable aux dispositifs algorithmiques équipant les machines à collecter les données médicales, impulsant la robotique éducative ou animant les drones impliqués dans l'agriculture ou dans la guerre. Il faut pourtant qu'il y ait quelques raisons pour rassembler des enquêtes et des analyses qui s'attachent à comprendre de quelles façons notre environnement quotidien se trouve bouleversé par nos innovations techniques. Ce livre est le produit cohérent de ces raisons. Ses auteurs sont solidaires de la perception d'un même destin : celui de sociétés qui ont à répondre des bouleversements provoqués par les technosciences contemporaines. Il n'est plus temps, en effet, de reculer : technologisées ou en voie de développement, le défi est le même pour ces sociétés. Il s'agit - et c'est ce que signifie d'abord l'expression « intelligence artificielle » - d'affronter l'avènement d'une hétéronomie soft, mais bien réelle : partout, ce qui semblait devoir nous accorder la maîtrise nous révèle ignorants et impuissants. L'autonomie que nous pensions nous octroyer avec les progrès techniques se retourne contre nous, et nous révèle de plus en plus assujettis à nos machines. Bien sûr, on sait que toute autonomie exige de la dépendance. Edgar Morin le répète depuis toujours : dans le champ du vivant, les organismes sont des systèmes ouverts qui se nourrissent de relations d'autant plus fructueuses qu'elles sont multiples. Et la mort survient quand disparaît la dépendance que nous métabolisions jusque là. De ce point de vue, les technoprophètes n'auraient pas tort de nous répéter que notre survie serait tributaire de notre disposition à nous soumettre aux machines que nous produisons. Embarquer dans le train de l'IA ou rester sur le quai, il faut choisir, nous répètent-ils. Ainsi la « technocolonialité » qui exprime la dépendance des pays en voie de développement n'est-elle pas spécifique, puisque les sociétés technologisées sont elles-mêmes ligotées par leurs machines ? Exogène ou endogène, la sujétion est là et oblige à l'adaptation. L'IA, qui parcourt sous ses multiples formes le présent volume, impose une certaine égalité devant l'asservissement. En l'associant à la Singularité, le transhumaniste californien Ray Kurzweil, ne pouvait mieux en témoigner : nous allons connaître la rupture prochaine qui consacrera la puissance illimitée d'une intelligence artificielle consciente d'elle-même. Voilà tout …

Il reste à comprendre ce qui nous arriverait, si la prophétie se confirmait. Le comprendre dans le domaine de l'éducation qui formera de toute façon les générations à venir, dans le domaine de la santé qui garantira la préservation de l'espèce, ou dans celui de l'agriculture qui continuera d'assurer notre subsistance alimentaire. Le livre qu'ont dirigé Alain Kiyindou, Etienne Damome et Noble Akam, prospecte ces trois domaines, et nous aide effectivement à débrouiller les défis qui se posent à nous.

On annonce volontiers une mutation anthropologique portée par le développement hyperbolique des technologies, et l'on inscrit celle-ci comme l'apogée de l'anthropocène dans lequel l'humanité tout entière investit sa puissance. Mais, à l'examen, cette puissance se révèle paradoxale. L'assurance que l'humain éprouvait pour sa vocation à se rendre « comme maître et possesseur de la nature », n'est plus ce qu'elle était. Déjà, au

XVIIIe siècle, la définition de L'homme comme un être indéfiniment perfectible a rendu sa trajectoire moins linéaire, car on peut certes évoluer vers le meilleur, mais aussi connaître des régressions ou des impasses. Bref, toute définition substantialiste de l'humanité s'est trouvée remise en cause, et aujourd'hui, c'est la plasticité morphologique ou neuronale qui accompagne souvent la caractérisation de l'humain, jadis assuré de sa vocation universelle à s'arracher aux déterminismes naturels. Cette plasticité sert d'argument pour justifier le projet d'hybrider toujours davantage l'humain avec la machine, de sorte que l'abolition des frontières ontologiques ne cesse d'être à l'ordre du jour. Là résident les sources de la mutation anthropologique qu'il nous faut affronter. Qu'on en soit désormais à devoir argumenter que L'homme n'est pas une machine, ou qu'une machine n'est pas humaine ; voilà l'indice le plus alarmant du bouleversement opéré sur nous par les technologies. Les plus sereins parmi les auteurs de l'ouvrage qu'on lira ici s'en remettent à une conception pragmatiste du monde et ils prédisent, à la manière de Türing, que l'efficacité aura le dernier mot et balaiera les arguties métaphysiques. Le libre arbitre, par exemple, qu'on aimerait voir résister au réductionnisme mécaniste, est selon eux un problème obsolète : humains, nous sommes intégralement déterminés, même s'il nous est utile de nous croire libres… Les machines auto-organisées simulent d'ailleurs parfaitement ce que nous désignons chez nous comme libre arbitre.

On trouvera ici de belles pages concernant un privilège réservé à l'humain, c'est-à-dire une objection aux prétentions de l'IA : la faculté d'être ambigu. Un privilège, en effet, dont George Steiner, dans son livre « Après Babel », faisait le propre de l'homme : l'humanité est née avec le mensonge, expliquait-il ; la possibilité de dire ce qui n'est pas, ou au moins de recourir à des métaphores ou des formulations ambiguës, est le gage de notre résistance à l'animalité ou à la machinité. C'est pourquoi il faut tenir aux vertus de notre langage et ne pas le laisser confisquer par ceux qui voudraient le réduire à des systèmes de signaux, gérables par les machines. Le signe qui nous autorise le dialogue n'est pas le signal qui appelle seulement la réaction comportementale. Leibniz lui-même permet d'argumenter cette différence fondamentale. De même, le symbolisme qui permet aux hommes de se reconnaître entre eux et d'exercer une salutaire intersubjectivité, ne se laisse pas ramener au symbolisme mathématique qui vise la transparence et l'univocité. La logique a en commun avec l'IA de chercher à désambiguïser le langage naturel : force est de rappeler que, ce faisant, elle ne sert pas les aspirations de l'humain, sauf à réduire celles-ci aux seules pulsions animales que les machines peuvent satisfaire !

On lira, pour s'en convaincre, le chapitre consacré à l'impact de l'IA sur les pratiques médicales. Le thème est d'une grande actualité : confier à l'IA la sémiologie médicale, comment ne serait-ce pas s'exposer à oublier la dimension relationnelle indissociable du soin ? La pratique médicale peut-elle se satisfaire de la simple exploitation des « traces » que l'IA et les algorithmes facilitent. Il est bon de poser la question et de rappeler que « le vécu exprimé par le patient et la connaissance de son environnement sont essentiels dans le processus de soins ». Il est bon, également, de souligner combien le toucher est important dans ce processus. La découverte des vertus de la télémédecine, dans la situation de pandémie que nous traversons, peut-elle nous résoudre à renoncer à ce toucher dont le recours est tellement appelé par la détresse des malades ? Ce qui vaut pour la santé vaut aussi pour l'éducation dont on examine ici, en Suisse, en Belgique ou au Bénin, ce qu'elle doit de plus en plus aux robots : pas plus que le gentil robot Nao ne saurait suffire à rendre humaine l'existence quotidienne de la malade atteinte d'Alzheimer, ou même celle de l'enfant victime d'autisme, pas plus la robotique éducative ne saurait remplacer la présence de l'enseignant. Bien sûr, le robot ouvre aux élèves un monde de savoirs et de dépaysement, tout comme il permettra sans doute de résoudre des problèmes liés à l'eau dans les pays en voie de développement. Est-ce une raison pour lui accorder les clés de notre humanité ?

L'heure est venue de banaliser l'intelligence artificielle, pour éviter qu'elle ne nous mystifie. C'est une leçon que porte ce livre. L'IA n'est pas pour nous un partenaire qui prendrait de plus en plus de place, mais un outil qu'on doit remiser quand il le faut.

Refuser les anthropomorphismes dont abusent par exemple les serveurs vocaux ou les agents conversationnels, pour ne pas parler des robots androïdes - les refuser, en s'insurgeant contre les sophistications inutiles que multiplient les innovations technologiques qui entendent justifier des recherches et des start-ups toujours plus gourmandes en matière de financements. Un auteur ô combien raisonnable conclut ici avec sagesse, et il est tentant de s'en remettre à ses mots pour clore cette préface : il est urgent, dit-il, d'«expliquer qu'un robot est une machine qui peut donc être allumée, éteinte, rangée dans sa boîte, contrôlée et programmée ». Pour l'avoir peut-être oublié, étions-nous en train de perdre le sens commun et d'accorder tous les points à cette IA qui ignore justement… le sens commun ?

INTRODUCTION

Alain KIYINDOU, Noble AKAM, Etienne DAMOME
Chaire UNESCO Pratiques émergentes en technologies et communication pour le développement, Université Bordeaux Montaigne

L'intelligence artificielle est souvent définie comme un système autonome et adaptatif capable de comprendre, prévoir et prescrire sur la base de l'analyse de quantités de données. Les grandes quantités de données que nous nous accordons à appeler le Big Data, constituées d'informations aussi bien formalisées qu'informelles, mais stockées dans d'immenses réservoirs de données constamment alimentés tant par l'activité humaine que par les renseignements factuels fournis par les machines ou les capteurs, trouvent de plus en plus, grâce aux algorithmes informatiques et à la robotique, les moyens de leur traitement, de leur valorisation et de leur exploitation. Cette combinaison de plus en plus maîtrisée de l'information, de l'informatique et de l'électronique fait entrer nos sociétés dans la nouvelle ère de l'intelligence artificielle. Cette ère nouvelle de l'exploitation de l'information pour comprendre, prévoir et… prescrire, suscite autant d'enthousiasme que d'inquiétude. Il ne s'agit pourtant pas d'une singularité technologique : nous avons simplement affaire à une convergence de technologies dont notre société a prescrit depuis un demi-siècle le déploiement pour traiter une matière première originale, l'information. Mais cette convergence nous fait assister à la montée en puissance d'organismes dont la croissance et l'emprise nous paraissent inquiétantes comme les GAFAM (…), les BAXT(…). En effet, les politiques de gouvernance mises en place par ces acteurs du numérique, composés d'exploitants informatiques, d'opérateurs de réseaux et de gestionnaires de banques de données, donnent à réfléchir, car les utilisateurs ne participent ni à leur conception ni à leur mise en œuvre. Les usagers partagent leurs données personnelles très souvent inconsciemment et dans l'ignorance quasi totale de la portée éthique d'une telle action ; notamment la propriété intellectuelle, les menaces sur les libertés individuelles et la protection des données personnelles qui découlent directement de l'usage des applications intelligentes et des robots mis à disposition. Cette vision peut paraître pessimiste, mais les scandales tels que le Cambridge Analytica invitent à réfléchir sur le pouvoir de ces nouvelles « institutions » (organisations) capables d'offrir les clés de la manipulation de millions d'individus.

Pour les pays en développement, le risque de renforcement de la dépendance économique, de la perte de souveraineté et du creusement des inégalités est grand. Comme pour la plupart des produits technologiques, les populations de ces pays sont essentiellement consommatrices de solutions développées à l'étranger, ce qui autorise certains chercheurs à évoquer la notion de technocolonialité. Akakpo (2019, 65) affirme que le concept de technocolonialisme est « *utilisé pour exprimer ce qui, dans les sociétés contemporaines, est la tendance à la surdétermination ou la codétermination de l'ordre de l'avoir et du pouvoir par la science et la technique* ». Le technocolonialisme ne serait donc pas, de son point de vue, la colonisation technologique d'une société par une autre, mais plutôt la colonisation que la technologie exerce sur la société. Mais si on s'en tient à la vision des théoriciens des industries culturelles, l'on peut considérer que l'intelligence artificielle est en passe de renforcer les effets de plateformisation et de captation de la valeur qui sont déjà caractéristiques de l'économie numérique.

Ce pessimisme est toutefois tempéré par les institutions internationales comme l'Union Internationale des Télécommunications (IUT) et l'Organisation des Nations Unies pour l'Éducation la Science et la Culture (UNESCO) qui, tout en prenant la mesure des risques, reconnaissent aussi les grands enjeux liés à la maîtrise des algorithmes. Le livre blanc de la Commission Européenne insiste sur le fait que "*L'intelligence artificielle (IA) va entraîner des changements dans nos vies en améliorant les soins de santé (précision accrue des diagnostics ou meilleure prévention des maladies, par exemple), en rendant l'agriculture plus efficiente, en contribuant à l'adaptation au changement climatique et à l'atténuation de ses effets, en augmentant l'efficacité des systèmes de production par la maintenance prédictive, en renforçant la sécurité des Européens et de bien d'autres façons que nous commençons à peine à entrevoir*[1]". Les exemples mis en avant sont nombreux. Les cartes en temps réel, dynamiques, et interactives réalisées grâce à l'intelligence artificielle, trouvent de nombreuses applications en ce qu'elles permettent à titre d'exemple, une géolocalisation précise des zones à criminalité élevée, des zones de conflits, d'épidémies, et sont d'une précieuse aide au développement dans les territoires. La précision de la robotique collaborative est un support pour le développement, notamment dans les zones sous menaces terroristes et les zones sensibles, où elle peut être utilisée pour coordonner les actions des parties prenantes en œuvre pour la paix et la stabilité. La question intéressante ici est celle de savoir comment l'intelligence artificielle pourrait transformer les interactions humaines futures et les conditions humaines ? Il ne s'agit toutefois pas d'une question nouvelle puisqu'au-delà de l'intelligence artificielle, il est originellement question de technologie ; et le rapport technologies/société a déjà fait l'objet de nombreuses études en Sciences humaines et sociales. L'éducation à l'intelligence artificielle, la formation et la sensibilisation à l'usage des artefacts et à l'"intelligence auxiliaire" sont autant de points de réflexion à intégrer dans la pensée commune citoyenne. Cela, nous ramène naturellement à la question de la confiance que l'on pourrait d'ailleurs lier à celle de l'implication réelle des populations dans le projet de l'intelligence artificielle.

Il faut convenir que cet ouvrage n'entend pas aborder toutes les questions relatives à l'intelligence artificielle, mais qu'il s'intéresse prioritairement aux questions éthiques liées à cette forme d'intelligence ainsi qu'à son usage dans les secteurs du développement notamment l'éducation, la santé et l'agriculture. Il s'agit donc d'une approche critique de l'intelligence artificielle et de la robotique.

---

[1] Commission européenne, *Livre blanc intelligence artificielle une approche européenne axée sur l'excellence et la confiance*, Bruxelles 2020.

La première partie de l'ouvrage aborde la dimension « Éthique de l'intelligence artificielle et d'autres questions philosophiques liées. L'éthique questionne l'ensemble des conceptions morales, le statut et les attributs que l'Homme peut accorder aux applications de l'intelligence artificielle développées pour tous les domaines de la vie. En même temps que les technologies mobiles, les applications d'"intelligence non-naturelle" se sont insérées dans les modes de vie moderne, reléguant parfois les humains à un rôle de simples consommateurs. Une grande partie des considérations éthiques soulevées tiennent à l'opacité de ces technologies. "*C'est le fameux problème de la boîte noire : des systèmes algorithmiques dont il est possible d'observer les données d'entrée (input), les données de sortie (output), mais dont on comprend mal le fonctionnement interne*"[2]. Il est à relever à ce niveau une responsabilité manifeste des concepteurs d'algorithmes. Mais on peut aussi se poser la question des droits des robots ainsi que celle des risques de la neuro-augmentation.

La deuxième partie de l'ouvrage quant à elle, rassemble des contributions sur les usages des robots et leur appropriation dans les contextes de l'éducation, de la santé, etc.

Les machines dotées d'IA sont paramétrées pour prendre des décisions, faire des choix, agir. Les solutions d'IA sont proposées pour distinguer les composantes de la faune, de la flore, des formes particulières, de manière plus efficace que l'œil humain. C'est en cela qu'elles constituent un enjeu majeur pour le développement économique et social. En effet, le déploiement de l'intelligence artificielle dans la société et l'économie en particulier laisse entrevoir des usages positifs, pertinents, même s'il convient de ne point verser dans le déterminisme technologique. Le paysage actuel des systèmes d'intelligence artificielle leur permet de comprendre l'ensemble du processus de production et des processus métier, et d'identifier

---

[2] Cédric Villani, Marc Schoenauer, Yann Bonnet, Charly Berthet, Anne-Charlotte Cornut, et al.. Donner un sens à l'intelligence artificielle : Pour une stratégie nationale et européenne. Mission Villani sur l'intelligence artificielle, 2018, Yann Bonnet, Secrétaire général du Conseil national du numérique, 978-2-11-145708-9. ffhal-01967551f, P.21.

automatiquement les principaux problèmes à résoudre. Pour les pays en développement, les potentialités de cette technologie se trouvent parfois limitées par des faiblesses contextuelles. On trouve toutefois des exemples intéressants en matière d'éducation, de santé, d'agriculture.

Références bibliographiques

Akakpo Yaovi. (2019). *Le technocolonialisme: agir sous une tension essentielle.* Paris, L'Harmattan.

Cédric Villani, Marc Schoenauer, Yann Bonnet, Charly Berthet, Anne-Charlotte Cornut, et al.. (2018). Donner un sens à l'intelligence artificielle : Pour une stratégie nationale et européenne. Mission Villani sur l'intelligence artificielle, 2018, Yann Bonnet, Secrétaire général du Conseil national du numérique, 978-2-11-145708-9. ffhal-01967551f, P.21.

Commission Européenne, *Livre blanc intelligence artificielle une approche européenne axée sur l'excellence et la confiance*, Bruxelles 2020.

Alain Kiyindou (2021). Intelligence artificielle. Enjeux et défis pour l'Afrique, Editions Plus.

Alain Kiyindou, Etienne Damome, Noble Akam (2021). Intelligence artificielle, pratiques sociales et politiques publiques. *Revue Communication, technologies et développement, n°10.*

PREMIÈRE PARTIE

QUESTIONS ÉPISTÉMOLOGIQUES, PHILOSOPHIQUES ET ÉTHIQUES

DE L'AUTOMATE SPIRITUEL AU ROBOT HUMANOÏDE

Anoman Nathalie DON

Université Félix Houphouët-Boigny, Côte d'Ivoire

Résumé

Imbriquant l'homme et la machine, la civilisation technologique recoupe l'identité humaine à celle de la machine. Mieux, nous assistons à la création de machines robotiques dites intelligentes et à apparence humaine : les robots humanoïdes. Loin des enjeux technologiques, économiques, matérialistes et utilitaristes non négligeables, il importe que le philosophe s'invite dans l'analyse de ce sujet relatif à la naissance de ces machines qui semblent identiques à l'homme. Il s'agira pour le philosophe d'aborder la question sous ses versants épistémologique, anthropologique, bioéthique et ontologique. Inscrivant notre réflexion dans le système de pensée spinoziste, on ne saurait ignorer l'approche mécaniste de l'homme faite par Spinoza lorsque dans le Traité de la réforme de l'entendement, il définit l'homme comme un "automate spirituel". Il s'agira dans cet article de partir du regard mécaniste porté sur l'homme à l'époque moderne, pour en venir aux questionnements sur ce qu'est l'homme aujourd'hui. L'objectif de cette étude est de montrer qu'il ne saurait y avoir d'amalgame entre l'homme et ses copies technologiques.

Depuis deux décennies le monde connaît une nouvelle révolution - la révolution numérique - qui a changé le penser et l'agir de l'homme. Avec cette nouvelle révolution, la technique, par le biais des nouvelles technologies, touche « tout l'homme aussi bien physique que psychologique, ainsi que son cadre d'expression collectif » (A. N. Dont, 36). Présentes dans tous les compartiments de la vie humaine, les nouvelles technologies se rendent indispensables à l'homme. Plus que des outils de développement, elles se font la matrice par laquelle et en laquelle les hommes doivent penser et se penser. Elles ne feraient donc pas que gouverner l'existence de l'homme, elles s'invitent en son être et obligent à repenser l'être même de l'homme. Imbriquant, l'homme et la machine, la civilisation technologique recoupe l'identité humaine à celle de la machine. Dans un souci de développement, voire de perfectibilité, la technique développe les performances humaines et associant l'homme à la machine le conduit, par un transport des qualités de la machine à l'homme, à adopter des comportements plus calculables et prévisibles. Par la même occasion les technologies transfèrent à la machine des caractéristiques humaines telles que l'intelligence. Mieux nous assistons à la création de machines robotiques dites intelligentes et qui, à la différence des autres appareils technologiques, ont une apparence humaine : ce sont les robots humanoïdes.

Loin des enjeux technologiques, économiques, matérialistes et utilitaristes non négligeables, il importe que le philosophe s'invite dans l'analyse du sujet relatif à la naissance de ces nouvelles machines plus proches de l'homme et peut-être même identiques à l'homme. En s'invitant dans ce débat qui touche non pas uniquement l'existence, mais également et profondément l'être même de l'homme, il s'agira pour le philosophe d'aborder la question sous ses versants épistémologique, anthropologique, bioéthique et ontologique. L'on pourrait alors se poser la question suivante : faut-il à l'ère du numérique revisiter la perception que l'homme se fait de lui-même et qui prévaut depuis la modernité ?

Inscrivant notre réflexion dans le système de pensée spinoziste, on ne saurait ignorer l'approche mécaniste de l'homme faite par Spinoza lorsque dans le *Traité de la réforme de l'entendement*, il définit l'homme comme un « *automate spirituel* ». Percevoir l'homme comme un automate, n'est-ce pas le percevoir comme une machine ? Dans ce cas l'établissement d'une similitude entre la perception spinoziste de l'homme et l'approche technologique n'est-il pas possible ? Par ailleurs le fait de trouver des ressemblances entre l'homme et la machine aussi frappantes que soient ces ressemblances en apparence (en l'occurrence ici le robot humanoïde), fait-il de la machine un humain ?

Pour tenter de répondre aux interrogations susmentionnées, nous nous appuierons sur les méthodes analytique et comparative.

L'usage de la méthode analytique nous permettra en premier, par une analyse historique, de remonter le temps pour savoir et comprendre ce que renferme le terme *automate spirituel* utilisé au XVIIe siècle par Spinoza. Par la suite, cette analyse se faisant plus critique nous aidera à avoir une approche moins technique, mais plus philosophique sur la nouvelle perception de l'homme qu'implique le développement technologique. Cette analyse portera spécifiquement sur le concept de robot humanoïde. La méthode comparative par laquelle nous achèverons notre argumentation permettra d'établir que malgré quelques similitudes il ne saurait y avoir de confusion entre le concept spinoziste d'automate spirituel et le robot humanoïde. En clair chaque espèce ayant une essence particulière et singulière, à l'espèce humaine ne peut être assimilée à aucune autre espèce.

L'automate spirituel ou l'homme mécanisé

Dans le *Traité de la réforme de l'entendement*, Spinoza indique que l'âme humaine *« agissant selon des lois déterminées (agit) pour ainsi dire comme un automate spirituel »* (Spinoza, 133). Mais avant toute réflexion profonde sur l'expression automate spirituel, il importe de marquer un arrêt de compréhension sur le mot *automate* pour en déceler les implications et les enjeux.

Selon Lalande, le mot renvoie généralement à toute chose *« qui agit de soi-même, spontanément »* (98) et Gérard Legrand de préciser, *« sans intervention d'un agent humain »* (35). Ce qui implique que la cause des actions de cette chose est interne. Toutefois, il serait erroné d'en déduire que le mouvement (action) de la chose en question trouve son origine dans une décision volontaire de celle-ci. L'automatisme ne saurait aller de pair avec le libre arbitre ni l'indétermination ; bien au contraire, un phénomène automatique est un phénomène présentant *« une régularité bien déterminée »* (Lalande, 99). Et pour cause, l'action de l'automate dépend d'un dispositif incorporé le déterminant à agir d'une manière précise. L'automate peut être ici assimilé à une machine à laquelle est inséré un mécanisme qui commande ses mouvements. Renvoyer l'automate à une machine c'est le percevoir comme une chose non vivante. Et pourtant, pour des penseurs comme Descartes et Spinoza les vivants sont identifiables à des automates.

Dès le XVIe siècle, toute la nature avec tout son contenu se comprend et s'explique par des lois mécanistes, qui sont des lois de physique et de mathématiques. Pionnier de l'explication mécaniste du monde, Descartes soumet toute chose (même l'homme) aux lois mathématiques. Ainsi, l'homme à l'époque moderne va se comprendre et se concevoir sous l'angle mécaniste. Toutefois, cet angle sous lequel Descartes perçoit l'homme n'est pas un angle plein, car pour lui, seule la matière est soumise au mécanisme. Or, l'âme humaine ne relève pas de la matière. Ainsi, dans sa théorie de l'*animal-machine*, l'homme n'intervient qu'à moitié. Différent des autres animaux par son esprit, l'homme ne peut être perçu comme un animal-machine que dans sa dimension corporelle. Le corps humain, comme les autres corps de la nature, est une machine comprenant un dispositif mécanique ; c'est-à-dire un ensemble de pièces reliées entre elles de façon précise et régulant ses mouvements. Cette acception justifie l'explication mécaniste que Descartes donne aux mouvements du cœur dans la 5e partie du *Discours de la méthode* où il considère l'homme dans sa dimension matérielle comme un être mécanisé, un automate *« privé de sensibilité »* (Russ, 128). L'esprit humain étant d'origine divine ne saurait être, comme sa source, c'est-à-dire Dieu, soumis à une explication mécaniste. Immatérielle et immortelle, l'âme humaine ne saurait être soumise à des lois régulant le fonctionnement de la matière.

Descartes avec sa conception dualiste de l'homme, ne peut étendre l'explication mécaniste de l'homme au-delà du corps. Par contre le monisme de Spinoza lui permet de franchir la frontière de l'esprit et de concevoir tout l'homme sous l'angle mécaniste. De sorte qu'avec lui, l'homme aussi bien dans son corps que dans son esprit fonctionne comme un automate soumis à des lois bien précises.

L'*Éthique*, œuvre majeure de Spinoza n'est pas un simple énoncé de règles morales ; elle est une thérapie de vie. En ce sens, elle commande l'observance de règles bien précises. Ces règles sont des lois de la Nature. La décision de Spinoza d'exposer son éthique sous forme géométrique est la preuve que la vie elle-même, comme les mathématiques, repose sur des lois bien définies, et pour bien la mener il importe de comprendre et de respecter ces lois. Rien n'y échappe, pas même Dieu. Ainsi, de l'univers visible à l'univers invisible, tout est soumis aux lois de la Nature. Nature naturante et Nature naturée ne peuvent être adéquatement appréhendées que sous le prisme de ces lois puisque, *« rien, sans Dieu, ne peut être ni être conçu »* (Spinoza, 322) : Dieu équivalant ici à la Nature *"Deus sive natura"*. Il apparaît alors que rien ne peut faire exception aux lois de la Nature et se prévaloir d'*« un empire dans un empire »* (*Ibid.*, 411). Sortie du cadre surnaturel où la loge Descartes et immergée dans le naturel, l'âme humaine, comme tout autre élément naturel, est soumise au mécanisme.

Avec Spinoza, l'homme est un animal-machine dans tout le sens du terme, aussi bien corporellement que spirituellement. Ce qui fait de lui un automate spirituel. C'est-à-dire un être dont la pensée suit un mécanisme intégré en lui par la nature. L'esprit ne peut, par exemple, par une volonté libre, déduire d'une idée adéquate une suite d'idées inadéquates ou d'une idée première inadéquate un ensemble d'idées adéquates. Une idée adéquate ne peut produire que des idées adéquates puisque *« toutes les idées qui, dans l'esprit, suivent d'idées qui sont adéquates en lui (...), sont aussi adéquates »* (*Ibid.*, 392). Inversement, d'une idée inadéquate ne peuvent suivre que des idées inadéquates. Il suit que, l'esprit, comme tout élément de la nature, est soumis au principe de causalité. De ce principe, pour les anciens, procède la vraie connaissance ; et s'ils ne conçoivent pas l'esprit et son fonctionnement suivant ce principe, pour Spinoza, l'esprit ne peut appréhender adéquatement les choses qu'en se conformant à ce principe (*Ibid.*, 133). L'esprit doit donc être conçu comme progressant, *« autant que faire se peut, selon la série des causes, d'un étant réel à un autre étant réel »* (Rovere, 18). Cette série de causes n'est rien d'autre que des lois, qui *« inscrites en elles (...) commandent l'existence et l'ordonnance des choses singulières »* (Spinoza, 137-138). En ce sens, ces lois sont *« leurs vrais codes »* (*Ibid.*, 137). Non *« pas de code au sens de cryptage (sens moderne), mais au sens de code civil : c'est-à-dire l'ensemble de principes qui les ordonnent »* (Rovere, 19).

Il se trouve que les lois inscrites dans les choses et qui les déterminent à l'action expriment les lois de la Nature. En ce sens, l'esprit dans la recherche de la connaissance ne peut ignorer les déterminations de la Nature. L'esprit qui fonctionne en tenant compte de ces déterminations ne peut qu'avoir une connaissance adéquate des choses ; dans le cas contraire, sa connaissance des choses sera inadéquate. L'esprit ne fonctionne donc adéquatement que lorsque dans sa quête de connaissance, comme un automate, il respecte le mécanisme de la Nature. Partant, il est tout à fait justifié de penser avec Spinoza que *« l'homme n'est rien d'autre qu'un "automate spirituel", c'est-à-dire un être qui agit et pense systématiquement, selon des lois de sorte que ses réactions, y compris dans l'ordre de la connaissance, sont entièrement prévisibles »* (*Ibid.*, 6).

Descartes n'applique à l'homme sa théorie de l'animal-machine que partiellement, contrairement à lui, Spinoza applique cette théorie à l'homme dans sa totalité. À cet animal-machine, peut-on assimiler la machine à visage humain dont il est de plus en plus question aujourd'hui ? L'homme transfère-t-il ses caractéristiques à ces nouvelles machines par simple anthropomorphisme ou constituent-elles une nouvelle humanité ?

Robot humanoïde : simple anthropomorphisme ou nouvelle humanité ?

De l'animal-machine, incluant l'homme soit par son corps, soit en tout son être, il est question aujourd'hui, avec l'essor des nouvelles technologies de robots-humains. Ce n'est plus à l'animal qu'on confère les caractéristiques de la machine, mais à l'inverse, c'est à la machine qu'on donne un visage humain ; et ce, non pas uniquement dans son aspect extérieur. La technique s'évertue à lui donner également un intérieur identique à celui de l'homme. Tout comme l'homme, la machine est conçue intelligente.

Des machines-outils, il est question aujourd'hui de machines-humaines. De la révolution mécaniste à la révolution technologique, le rapport de l'homme à la machine change, parce que la machine elle-même change d'aspect. Alors que par le passé, *« l'ouvrier dut appliquer sa force brute à manipuler ses outils »* (Elgozy, 81), les découvertes scientifiques lui permirent de commander *« ses mécanismes au moyen de leviers, manivelles ou boutons »* (*Ibid.*). Depuis la révolution numérique, le rapport de l'homme à la machine est de moins en moins physique et de plus en plus intellectuel. De l'interaction entre l'homme et l'ordinateur considéré comme un cerveau électronique, il est question aujourd'hui d'une nouvelle forme de relation entre l'homme et le robot humanoïde.

Les robots humanoïdes peuvent être définis comme *« des robots évoquant, par leur apparence ou leur comportement, un être humain »* (Grimaud et Vidal, 5). Avec le robot humanoïde, l'enjeu n'est plus de performer l'homme par le prolongement de son corps ou l'augmentation de ses capacités. Il est question de lui créer un double avec lequel il cohabitera. Aujourd'hui, la réflexion ne porte plus sur la machinisation de l'homme comme ce fut le cas à l'époque du mécanisme, mais de plus en plus, sur l'humanisation de la machine. Ce désir d'humaniser la machine ne relève-t-il pas de l'anthropomorphisme ? *« Dès la première enfance, les humains attribuent des traits de comportement anthropomorphe - tels des intentions, des perceptions et des sentiments - aux animaux, aux artéfacts et même aux phénomènes naturels »* (Airenti, 35). La projection de caractéristiques anthropomorphiques aux non-humains se fait généralement dans un but relationnel. C'est en vue d'établir une relation avec un objet ou un être donné que l'homme impute aux non-humains une intériorité identique à la sienne (Descola, 183). Dans ce contexte, *« l'anthropomorphisme est un type de relation que l'on établit avec un animal ou un artéfact »* (Airenti, 36). Il consiste à reconnaître à des êtres non humains des *« modalités interactionnelles propres au dialogue entre humains »* (*Ibid.*, 51). Par conséquent, nul besoin que l'objet dans sa constitution première ait une ressemblance frappante avec l'être humain. Bien au contraire, un robot ressemblant parfaitement à l'homme ne suscitera chez ce dernier qu'un sentiment d'étrangeté comme le stipule Masahiro Mori dans son article « la vallée de l'étrange[3] ». Dans une étude de l'article de Mori, Gabriela Airenti (36) affirme que *« la reproduction quasi parfaite des caractéristiques humaines n'invite pas nécessairement les êtres humains à l'interaction. Une ressemblance excessive de l'artefact à l'être humain semble bloquer la projection de caractéristiques mentales humaines et en souligner au contraire l'aspect mécanique et artificiel »*.

L'on peut donc déduire que passer les premiers moments de fascination l'homme réalise que ce qui semble tant lui ressembler n'est pas lui. La question est alors de savoir comment appréhender cette nouvelle classe d'êtres qui, comme l'indique son nom robot humanoïde, se situe entre la machine et l'humain. Ce qui les rapproche des hommes, ce n'est pas uniquement leur apparence physique. Ce ne sont pas de simples objets mécaniques à apparence humaine. Dotés d'intelligence, ces robots partagent avec l'homme des qualités qui jusqu'ici étaient pensées comme spécifiques à la seule nature humaine : la raison ou intelligence et le langage. Si la raison et le langage sont le fondement même de l'humanité alors, ne sommes-nous pas face à un nouveau type d'humain ? L'ontologie même des robots humanoïdes laisse entrevoir que les caractères humains qu'on leur reconnaît font partie de leur constitution puisqu'ils leur sont intégrés dès leur conception. En ce sens, on ne pourrait les réduire à de simples projections anthropomorphiques.

Les qualités humaines reconnues au robot humanoïde, au delà d'un simple transfert anthropomorphique, révèlent le désir de l'homme de se faire Dieu. L'humanoïde consacre une révolution dans la saisie de l'homme. Ceci est parfaitement illustré par Thomas T. Hills[4] qui *« invitant au développement de psychologues*

---

[3] Publié en 1970 sous le titre « *Bukimi no tani* », la traduction française de l'article de Mori est proposée dans le n° 15 de *GRADHIVA*.

[4] Dans son article Thomas T. Hills, professeur de psychologie à l'université de Warwick au Royaume-Uni, établit une analogie entre les dysfonctionnements (bugs et erreur) des algorithmes et les maladies mentales. L'article de Hills « Does my algorithm have a mental-health problem? », peut être consulté sur le site https://aeon.co/ideas/made-in-our-own-image-why-algorithms-have-mental-health-problems.

pour robots () laisse entendre, par des analogies incessantes entre le fonctionnement psychologique humain et celui des algorithmes, qu'il existerait une indifférenciation fondamentale entre les hommes et les robots » (IERHR, 2018). La frontière entre l'homme et la machine est ainsi réduite à néant. Cette frontière est également détruite lorsqu'on accorde à un robot la citoyenneté d'un pays. En accordant la citoyenneté saoudienne au robot humanoïde "Sophia", on l'élève au rang de personne humaine en lui reconnaissant des droits identiques à ceux de l'homme.

Si l'augmentation de l'homme consiste par une imbrication de l'homme à la machine, le robot humanoïde est l'expression du désir de l'homme de créer un nouveau genre d'humain. D'ailleurs, comme le signifiait Spinoza (951) ce n'est pas *« la circulation du sang et les différentes autres fonctions du règne animal »*, qui définissent l'homme, mais sa capacité à user de la raison : *« vraie valeur et vraie vie de l'esprit »* (*Ibid.*). Cette pensée prise à la lettre, le robot humanoïde qui n'est fait ni de chair ni d'os et qui, à la place des veines dispose de circuits électriques, peut être considéré comme un humain, puisqu'il est doté d'intelligence et pensé capable de raisonner.

Avec les robots humanoïdes, l'humanité semble changer de forme et de condition. L'humanité ne dérive plus uniquement du naturel pris au sens traditionnel et religieux, mais s'artificialise puisqu'elle peut être fabriquée, machiniquement. L'humanoïde est le signe de la mutation de l'humain. Toutefois, cette humanité naissante, produit technologique de l'homme est-elle identique à l'humanité traditionnelle ? La créature peut-elle être confondue avec son créateur ?

Automate spirituel - robot humanoïde : des essences différentes

Le recours au terme d'automate chez Spinoza ne renvoie pas à la réduction de l'homme à une simple machine. d'ailleurs « lorsque Spinoza met au point, l'idée d'"automate spirituel" c'est en vue du rejet des "automates totalement dépourvus d'esprit" c'est-à-dire qui ne pensent pas puisqu'ils ne font en guise de pensée, qu'appliquer une méthode extérieure à la pensée » (Niamkey,

440). La notion d'automate spirituel chez Spinoza s'applique donc à l'usage de la pensée c'est-à-dire à sa théorie de la connaissance. Comme signifié dans la première partie de cette étude, dans le processus d'acquisition de la connaissance, la pensée ne saurait s'exercer sans le respect de règles déterminées. Le respect de ces règles conduit systématiquement la pensée à une connaissance adéquate quand leur ignorance conduit également de façon systématique à l'acquisition de connaissances inadéquates. La schématisation du processus d'acquisition de la connaissance laisse voir que la pensée elle-même est soumise à un mécanisme. En ce sens, son fonctionnement peut être comparé à celui d'une machine. Toutefois, cela ne suffit pas pour réduire tout l'être de l'homme à celui d'une machine. Et cela, même si cette machine présente des traits humains.

En son aspect physique, déjà, l'homme diffère des autres êtres. Dans l'*Éthique II,* Spinoza s'évertue à montrer que le corps humain est non seulement différent des autres, mais surtout qu'il « l'emporte sur eux » (Rovere, 69). Le corps humain est ainsi placé tout en haut de la pyramide des corps (Ibid., 72). Composé « d'un très grand nombre d'individus (de nature différente), dont chacun est lui-même très composé » (Spinoza, 373), le corps humain « contient plus de réalité » (Ibid., 368) que les autres corps. En ce sens, il est plus apte à être affecté d'un plus « grand nombre de façons par les corps extérieurs, et (...) à affecter les corps extérieurs d'un très grand nombre de façons » (Ibid., 374). Cette grande aptitude à être affecté et à affecter est ce qui marque la supériorité de l'individu humain sur les autres et met ainsi « hors course les non humains » (Rovere, 71) incluant ces nouveaux corps auxquels on attribue des caractéristiques humaines. La ressemblance d'apparence des corps de l'homme et de l'humanoïde ne saurait occulter la différence constitutionnelle de ces deux corps. En effet alors que l'homme est fait de chair, d'os et de sang, l'humanoïde lui est constitué de silicone et de circuit électrique ; alors que l'un appartient à la grande famille des animaux, l'autre fait partie de celle des artéfacts, des objets fabriqués par l'homme.

Malgré cette différence constitutionnelle au niveau des corps, n'est-il pas possible d'établir une similitude entre l'homme et l'humanoïde pour ce qui est de l'esprit ? L'attribution de caractéristiques humaines telles que l'intelligence et le langage aux humanoïdes laisse croire qu'humain et humanoïde sont identiques. Pourtant, dans le scolie de la proposition 13 de la deuxième partie de l'*Éthique*, Spinoza indique que, « plus un corps est apte, par rapport aux autres, à être actif ou passif (...) de plus de façon à la fois, plus son Esprit est apte, par rapport aux autres, à percevoir plus de choses à la fois » (Spinoza, 368). Dans les postulats 3 et 6 de la même partie Spinoza se fait plus précis en indiquant que le corps le plus apte à être affecté et à affecter d'un plus grand nombre de façons n'est autre que le corps humain (Ibid., 373-374). Le recours à Spinoza permet de comprendre que la supériorité de l'homme sur les autres êtres, y compris ses copies, ne se limite pas au niveau corporel. Elle s'étend au domaine de l'esprit, de la pensée.

Il apparaît donc qu'humain et humanoïde bien que dotés, tous deux, d'intelligence ne saurait être confondus, car on ne peut assimiler l'intelligence programmée du robot à celle de l'homme. Et même si l'on peut parler de programmation de la pensée dans le processus d'acquisition de la connaissance, cette programmation est bien différente de celle du robot. Naturelle, la programmation de l'homme n'est pas une programmation électronique faite par un tiers et qui répond à des critères propres à cette tierce personne. Si relativement à sa théorie de la connaissance Spinoza perçoit l'homme comme un automate, l'inclusion de l'homme dans l'univers des machines, n'en fait pas une machine comme tout autre. Compte tenu de la spécificité de l'homme, cette inclusion paraît plutôt comme une intrusion et l'homme avec sa subjectivité ne saurait être à sa place dans l'univers des machines. En effet, ce qu'on nomme par comparaison à la machine programmation chez l'homme n'est en réalité que le déterminisme naturel. Contrairement aux autres êtres, l'homme grâce à la raison qui lui est particulière est capable de comprendre ce déterminisme de l'intégrer à son être et ainsi de s'autodéterminer. Cette capacité à l'autodétermination rend l'action intelligente de l'homme différente de celle du robot fait à sa ressemblance. C'est la raison, faculté spécifique à l'homme qui lui permet de pouvoir s'autodéterminer.

La raison donne à l'homme le pouvoir de faire face à toutes les situations et d'agir selon les circonstances de manière appropriée et adaptée. Alors que l'intelligence humaine est capable de s'adapter aux situations et d'y trouver une solution spécifique, l'intelligence artificielle de l'humanoïde se trouve limitée et ne peut répondre qu'aux contingences à hauteur desquelles elle est programmée. Son intelligence n'est donc efficace que dans les situations prévues dans son système de commande. Il est néanmoins vrai que dans la quasi-totalité des situations pour lesquelles il est programmé, le robot humanoïde rivalise d'efficacité avec l'homme ou alors le supplante carrément, au point qu'on penserait qu'il est plus intelligent. Toutefois, il importe de faire preuve de prudence dans le jugement porté sur l'intelligence de l'humanoïde et de ne point la confondre avec l'intelligence humaine. Le retour à Descartes peut aider à éviter toute confusion entre intelligence humaine et intelligence artificielle humanoïde. Relativement à l'existence possible de machines qui eussent la ressemblance du corps humain et qui imitassent les actions de l'homme autant que cela soit possible moralement, Descartes affirme que ces machines,

> *« bien qu'elles fissent plusieurs choses aussi bien ou peut-être mieux qu'aucun de nous, elles manqueraient infailliblement en quelques autres, par lesquelles on découvrirait qu'elles n'agiraient pas par connaissance, mais seulement par la disposition de leurs organes. Car, au lieu que la raison est un instrument universel, qui peut servir en toutes sortes de rencontres, ces organes ont besoin de quelques particulières dispositions pour chaque action particulière ; d'où vient qu'il est moralement impossible qu'il y en ait assez de divers en une machine pour la faire agir en toutes les occurrences de la vie de même façon que notre raison nous fait agir » (86).*

Alors que l'intelligence humaine s'enracine en la raison, l'intelligence artificielle dépend d'une programmation électronique. Cette différence ontologique écarte d'emblée tout amalgame entre ces deux intelligences et partant entre humain et humanoïde.

L'explication mécaniste de l'univers ainsi que de l'homme a conduit des penseurs du XVIIe siècle à tout soumettre aux lois des mathématiques et de la physique. Or ces lois sont celles qui déterminent la création et le fonctionnement des machines. Cela explique pourquoi Descartes et Spinoza comparent l'homme à la machine. Quand Descartes dans sa comparaison se limite au corps, Spinoza y inclut l'âme ou esprit et perçoit l'homme comme un automate spirituel. Il est toutefois à noter que le qualificatif *spirituel* qu'il ajoute apparaît comme une précision fondamentale en ce sens qu'il distingue l'automate qu'est l'homme des autres automates et invite à ne pas les confondre. Même si notre actualité nous présente des robots humanoïdes dotés d'une caractéristique propre à L'homme : l'intelligence, cette intelligence est bien différente de celle humaine qui prend racine dans la raison. L'ontologie de l'homme et de l'humanoïde montre qu'il ne peut y avoir d'amalgame possible entre ces deux êtres. Si ontologiquement l'humanoïde est différent de l'homme, il n'en demeure pas moins que socialement, il s'en rapproche et même s'y confond. Traité comme un humain dans le tissu social au point de se voir octroyer les mêmes droits qu'aux autres citoyens, le robot humanoïde acquiert ainsi un statut social similaire à celui de l'homme et fait son entrée dans la communauté humaine. Sa différence ontologique fait de ce nouvel humain, un humain d'un type nouveau. Cet humain nouveau finira-t-il, comme dans la *Planète des singes* de Pierre Boule, par dominer et éclipser l'humanité déjà existante, ou alors l'homme traditionnel saura-t-il garder la maîtrise de sa création et se faire toujours possesseur de la nature ?

Bibliographie

Airenti G. (2012). Aux origines de l'anthropomorphisme. Intersubjectivité et théorie de l'esprit. in : Vidal D. et Grimaud E. (dir), *Gradhiva : revue d'anthropologie et d'histoire des arts*, (15) / Dossier : *Robots étrangement humains* (p. 35-53). Paris : Musée du Quai Branly.

Descola P. (2005). *Par-delà nature et culture.* Paris : Gallimard.

Descartes R. (1951). *Discours de la méthode suivi des Méditations*. Présentation et annotation par François MISRACHI, Paris : Union Générale d'Éditions,

Don A. N. (2018). Le *conatus* à l'ère du numérique. in : Kiyindou A., Akam N. et Damome E. (dir.), *Objets connectés et développement intelligent* (p. 27-42). Paris : L'Harmattan,.

Elgozy G. (1968). *Automation et humanisme*. Paris : Calmann-Lévy

Grimaud E. et Vidal D. (2012). Aux frontières de l'humain. Pour une anthropologie comparée des créatures artificielles. in : Vidal D. et Grimaud E. (dir), *Gradhiva : revue d'anthropologie et d'histoire des arts*, (15) / Dossier : *Robots étrangement humains* (p. 5-26). Paris : Musée du quai Branly.

Institut pour l'Étude des Relations Homme-Robot (IERHR). (2018). *De la robotisation des hommes à l'humanisation des robots*. En ligne : https://www.ierhr.org/de-la-robotisation-des-hommes-a-lhumanisation-des-robots/

Lalande A. (2002). Vocabulaire technique et critique de la philosophie. Paris : Quadrige / PUF.

Legrand G. (1986). *Vocabulaire Bordas de la philosophie*. Paris : Bordas.

Mori M. (2012). La vallée de l'étrange. in : Vidal D. et Grimaud E. (dir), *Gradhiva : revue d'anthropologie et d'histoire des arts*, (15) / Dossier : *Robots étrangement humains* (p. 27-34). Paris : Musée du quai Branly.

Niamkey K. (1984). *La notion de système philosophique (Spinoza et Nietzsche)* (Thèse de Doctorat d'État, Université de Paris 1 / Panthéon Sorbonne, Paris)

Rovere M. (2003-2004). *L'automate spirituel, Spinoza, Éthique II*. Cours donné à l'École Normale Supérieure, Lettres et Sciences Humaines, Lyon. En ligne, http://cerphi.ens-lyon.fr/IMG/pdf/data-data_spinoza_rovere.pdf, consulté le 09 /07/2018

Russ J. (2002). Philosophie. Les auteurs, les œuvres. Paris : Bordas,

Spinoza B. (1997). *œuvres Complètes*. Traduction et annotation Roland Caillois, Madeleine Francès et Robert Misrahi, Paris : coll. « Bibliothèque de La pléiade », Gallimard.

L'ADIEU AU CORPS ?

Techno corps ou Meta corps : Médiatisations et transformations en question. Nouvelles phénoménalités en connaissances et en engagements.

Catherine PASCAL

Université Bordeaux Montaigne

Résumé

Nous nous proposons de questionner les représentations médiatisées du futur, ses nouvelles formes de phénoménalités en connaissances et en engagements issues des processus de médiatisation complexes, processus entendus comme formes de construction d'une réalité culturelle hybride qui engage l'homme face à la machine et de fait qui tendrait à augmenter ou transformer son corps. De véritables scénarios futuristes se dessinent mettant en jeu les médias et les techniques comme prothèses et comme enjeux de pouvoir sur les autres humains (Jeanneret, 2011). Certains envisagent l'intelligence comme un ensemble de « compétences » et de » performances » relatives à des activités nécessaires à l'adaptation des systèmes tels que la résolution de problèmes, les apprentissages et les évolutions possibles du corps humain (Simon, 2004).

C'est pour cela que nous considérons le processus de médiatisation comme processus engageant la matérialité de l'homo numericus.

Dès lors, la médiatisation est perçue non seulement comme adaptation à différents écosystèmes de flux (Hjarvard, 2008), mais aussi comme partie du processus de construction d'une réalité socioculturelle étendue (Couldry et Hepp, 2013).

Notre article veut plus particulièrement révéler le phénomène des médias qui émergent dans différents corps, corps social, économique, mais aussi dans le corps physique. La médiatisation de tout (Bratosin, 2016), sera prétexte, pour nous, d'envisager non seulement la logique média, mais aussi le processus de transformation que cette médiatisation produit dans les différents corps concernés qualifiables de corps adapté, corps augmenté, corps modifié ou corps simplifié (Besnier, 2011).

Une transformation en frontières, espaces entre le bio et la technologie (Krotz, 2001), nous entraîne à proposer une approche épistémique transversale en prenant pour axe fondateur les Sciences de l'Information et de la Communication, mais aussi, particulièrement les approches en philosophie (Agamben, 2015) et les approches artistiques concernant les hybridations soma-techniques (Andrieu, 2011).
Les données, les algorithmes (O Neil, 2016, trad. 2018), les interfaces, l'intelligence artificielle et les nouvelles phénoménalités de l'homme et de ses outils-robots nous amèneront à questionner matérialité, immatérialité et idéologie à tendance mystique de cette société technologique, ceci avec l'idée d'un Méta Corps, physique et artificiel (Chiron, 2012 et Lambert, 2012).

Mots Clés

Intelligence artificielle, médiatisation, algorithmes, formes de vie, robot, avatar, homme-machine, post humain, transhumain, media studies.

Notre société post-moderne se révèle par une utopie d'interconnectivité et par une idéologie de fluidité et d'hyper réalisme basées sur une puissante économie de la connaissance. De plus en plus, nous réagissons à un nouveau régime de réalités qui n'est pas toujours fondé sur du vérifiable, du tangible ou du vrai. Cette ère marquée par la post modernité comprise comme une possibilité de construction d'un nouveau système de références et de logiques d'actions nous entraîne à proposer une approche épistémique interdisciplinaire et transversale en prenant pour axe fondateur les Sciences de l'information et de la Communication, mais aussi particulièrement les approches philosophiques (Agamben, 2015) et artistiques concernant les hybridations en soma technique (Andrieu B, 2011) et en méta corps (Chiron, 2012 et Lambert, 2012).

Puisque ces dernières années les progrès ont été spectaculaires en matière d'intelligence artificielle (IA), les ordinateurs et robots sont rendus aptes à exécuter des tâches et même à prendre des décisions, certains tendraient même à démontrer des émotions de base. Ceci est rendu possible par l'utilisation d'algorithmes poussés, élaborés par l'homme. Cependant ces robots ne présentent pas de conscience individuelle, évidemment. Notre propos ici n'est pas d'ouvrir sur les questionnements classiques : est ce qu'une machine, conçue par l'humain pourrait penser de la même manière et à terme le concurrencer ?

Notre questionnement porte plus particulièrement sur l'homme, l'humain et ses différents corps en lien avec notre société de plus en plus numérisée. Cette ère nous permet-elle d'engager par des formes complexes de médiatisation et d'interfaçages des perspectives ou scénarii de modernité réflexive ?

Nous confrontons-nous à des savoirs tant conceptuels qu'émotionnels qui nous entraîneraient dans des liens de connectivité à la machine, transformant non seulement nos formes de vie, mais aussi notre corporéité (le terme est pris au sens global) ? Ceci nous permettra-t-il, cependant, une autre relation au monde ?

Pour répondre à ce questionnement, nous nous interrogerons en premier sur l'impact des médias dans nos vies en envisageant la médiatisation comme transformations de nos formes socioculturelles : La médiatisation comme transformations de nos formes de vie et d'existence et de cultures, Couldry et Hepp, 2011 et « medialife », Deuze 2011.

Ensuite nous nous proposons de concevoir la médiatisation comme un processus qui nous englobe dans une réalité construite : La Médiatisation de tout comme « méta processus » Krotz, 2007, 2017 de formes innovantes et futuristes de développements médiatiques et de participations en intermédiations « invraisemblables » entre le bios et l'artificiel. En raison de cela, nous nous confrontons depuis une dizaine d'années à une transformation en frontières et en espaces entre le bio et la technologie (Krotz, 2001). Agamben, philosophe, fait la différence entre le *bios* et le *zoé*, nous verrons en quoi cela engage notre représentation de l'Humain (Agamben, 2015).

Un troisième volet de réflexion sera ainsi proposé : la médiatisation comme hybridation de différents corps : du social au physique. Techno-corps ou méta corps ? Des approches autant philosophiques (Agamben, 2015) qu'artistiques concernant les hybridations en soma technique (Andrieu, 2011) et en méta corps (Chiron, 2012 et Lambert, 2012) seront abordées.

La médiatisation comme transformations de nos formes de vie et d'existence : formes socioculturelles en question

Notre article veut plus particulièrement révéler le phénomène des médias qui émergent dans différents corps, corps social, économique, éducatif, artistique, mais aussi dans le corps physique. La médiatisation de tout, (Bratosin, 2016) sera prétexte pour nous d'envisager non seulement la *logique média*, mais aussi *le processus de transformation* que cette médiatisation produit dans les différents corps concernés, corps adapté, corps augmenté ou corps modifié. Nous poursuivrons ainsi notre travail de recherche qui porte sur les usages, les appropriations de l'objet technique étant donné que dès lors, les pratiques révèlent des représentations multi modales aux frontières visibles et invisibles. Une déterritorialisation est sensible au profit d'une abstraction souvent issue de modèles mathématiques et statistiques uniformisant personnes, pensées et actions (Pascal C., Vieira L., Akam N., In Actes séminaire transversal Mica, 2018, La vie interfaciale 6-7 juin 2018 MSHA.)

Nous présentons, en premier, les nouvelles formes de phénoménalités en connaissances et en engagements, processus de médiatisation complexe entendus comme formes de construction d'une réalité culturelle hybride qui engage le corps et la machine.

Si le courant théorique des Medias Studies s'interroge désormais sur la médiatisation perçue non seulement comme adaptation à différents écosystèmes de flux, (Hjarvard, 2008), c'est aussi parce que la médiatisation est considérée comme une partie du processus de construction d'une réalité socioculturelle plus étendue (Couldry et Hepp, 2011 et 2013) qui englobe nos différents corps.

Couldry et Hepp, nous précisent, en 2013, qu'il s'agit d'une construction sociale :

« *The social-constructivist tradition's understanding of mediatization, by contrast, highlights the role of various media as part of the process of the communicative construction of social and cultural reality (Berger & Luckmann, 1967). Mediatization here refers to the process of a communicative construction of socio-cultural reality and analyzes the status of various media within that process (Krotz, 2009 ; Hepp, 2012 ; Hepp, 2013, pp.54-68). The term "mediatization" here is designed to capture both how the communicative construction of reality is manifested within certain media processes and how, in turn, specific features of certain media have a contextualized "consequence" for the overall process whereby socio-cultural reality is constructed in and through communication. The theorization of these media-specific forms for constructing socio-cultural reality is more open than in the concept of "media logic", emphasizing the complexity of media as institutions and technologies. While these two different traditions of mediatization research co-exist, they have come closer to each other in recent years.* » (Couldry, Hepp, 2013, p.196).

Deuze, lui dès 2011 par son expression de « *medialife* », spécifie que le média comme les plateformes Instagram, Pinterest arrivent à réguler nos vies, nos achats, nos pulsions, nos émotions. Cet auteur souligne que la vie humaine devient non seulement envahie par les médias, mais devient média de fait :

« *As media become pervasive and ubiquitous, forming the building blocks for our constant remix of the categories of everyday life (the public and the private, the local and the global, the individual and the collective), they become invisible - in the sense that, as Friedrich Kittler suggests, we become blind to that which shapes our lives the most. I propose that the key challenge of communication and media studies in the 21st century is, or will be, the disappearance of media. This is not a renewed claim for the kind of soft techno-determinism espoused in the work of Marshall McLuhan and Manuel Castells.(Stalder, 2006 : 153). The increasing invisibility of media is exemplified by their disappearing from consciousness when used intensely by their logic of immediacy (Bolter and Grusin, 1996)* » (Deuze, 2011, p.137).

Car cette médiatisation nous entraîne dans un processus qui englobe technologies et cultures. Par conséquent, des changements considérables s'opèrent.

Ce que l'invention des objets et l'appropriation des interfaces apportent à la circulation sociale de la culture est essentiel. Et de fait, une maîtrise est à poser. Les propriétés réelles des « médias informatisés » méritent un examen rigoureux des relations entre objets et pratiques d'aujourd'hui (Jeanneret, 2011.).

Les informaticiens et les experts nous prévoient des ordinateurs qualifiés de *quantiques* sous peu, avec par exemple des qubits adaptés aux tendances actuelles, en lien avec l'intelligence artificielle, modalités de deep learning permettant un autre type d'apprentissage machine. En mars 2017, Ioardanis Kerenidis, Directeur de recherche CNRS, à l'Institut de Recherche en Informatique Fondamentale (Université Paris-Diderot), a présenté un algorithme de recommandation de films, de livres ou de rencontres, « *exponentiellement plus efficace que les méthodes actuelles* ».

Si l'IA, relève plutôt du raisonnement logique et de l'action programmée, comme ces deux exemples l'explicitent, raisonnement et action que peuvent conduire aussi bien les machines que les humains, nos formes de vie en sont pourtant transformées, en raison des relations qui s'opèrent entre objets et pratiques d'aujourd'hui, d'où notre réflexion sur la médiatisation comme « *méta processus* ».

Du méta processus au méta corps. La Médiatisation de tout comme « méta processus » de développements médiatiques et de participations en intermédiations « invraisemblables », (Krotz, 2007, 2017).

Certes depuis les années 60 à 90, les hypothèses sur les extensions du cerveau humain par les nouvelles technologies traitent des prothèses (mécaniques, électroniques et logicielles) dans les conditions de fonctionnement physique (et parfois psychique) de l'homme réparé ou augmenté, voire, plus prosaïquement, de l'homme-assisté, cependant dès lors, la Médiatisation de tout comme « *méta processus* » (Krotz, 2007, 2017) nous rend aussi autre :

> « *Today, globalization, individualization, mediatization and the growing importance of the economy, which we here call commercialization, can be seen as the relevant metaprocesses that influence democracy and society, culture, politics and other conditions of life over the longer term. Obviously, these metaprocesses are crucial for the future forms of life and life chances, as they are important for people, their actions and their sense-making processes at a micro level ; for the activities of institutions and organizations on the meso level ; and for the nature of culture and society at a macro level. If we can analyze these meta- processes, we can better understand social and cultural change* ». *(Krotz. 2007. p.257)*

La médiatisation perçue comme concept est considérée comme une hybridation de différents corps : du social au physique. Les données, l'intelligence artificielle et les nouvelles phénoménalités de l'homme et de ses outils-robots nous amènent à questionner matérialité et immatérialité de cette société technologique en prenant pour vecteur fondamental les cultures et plus particulièrement les cultures techniques. En effet, notre corps humain fait partie de plus en plus de ce vaste ensemble qu'est le méta processus de médiatisation et, de ce fait, il est utilisé, sacrifié, infirmé ou augmenté. Il se présente maintenant non seulement comme un techno corps, mais surtout comme un méta corps qui tend à occulter sa dimension humaine fondamentale.

Ces formes innovantes et futuristes composées de développements médiatiques et de participations en intermédiations « invraisemblables » transforment le média « classique » en connexions plus complexes. Nous prenons pour exemples dans le domaine des arts les innovations de types hologrammiques ou numériques, qualifiés d'êtres virtuels : « L'intelligence artificielle est la prochaine forme d'art », a déclaré Edward Saatchi, pionnier de la réalité virtuelle. Lors du festival de Sundance, en 2018, Edward Saatchi a soutenu que *Fable*, son entreprise, s'éloignerait dès lors des expériences de réalité purement virtuelle : « *En regardant l'industrie cinématographique, je pense que les films de réalité virtuelle ne sont pas l'avenir. (...) Je pense que l'intelligence artificielle est la prochaine forme d'art que nous devons explorer.* » L' entreprise *Fable* devrait recruter des ingénieurs en intelligence artificielle, tout au long de 2019, pour diminuer sa production en réalité virtuelle. Pour promouvoir son idée de personnages interactifs, *Fable* organise cet été une conférence sur les êtres virtuels à San Francisco, qui réunira des conférenciers tels que Lars Butler de la Fondation AI, Pearly Chen de HTC et l'investisseur Cyan Banister de Founders Fund. Ainsi cette entreprise va se concentrer principalement sur l'intelligence artificielle et les « êtres virtuels » ou personnages avec lesquels nous serons en possibilité d'interagir naturellement, à travers tout type de supports. Lucy, le personnage principal de *Wolves in the Walls*, est le premier être virtuel du studio. Son jeu dans *Whispers in the Night*, permet l'expérience d'une discussion, en utilisant le traitement du langage naturel.

Ces techniques issues de l'intelligence artificielle nous amènent à poser des représentations médiatisées des scénarios du futur sur la matérialité de l'être humain devenu technologique. Cela relève d'un domaine d'exploration d'une forme d'intelligence non encore totalement révélée. Certains parlent d'empathie transférable aux robots (Munier, 2013). Et pourtant même si Laurence Devillers chercheur au LIMSI-CNRS professeure en Informatique, mène des recherches sur la détection des émotions et affirme que les machines sont à des années-lumière de nos partages humains d'émotions, Devillers L. (2017), la recherche porte sur cela, tout en tentant de dynamiser aussi les effets et impacts d'empathie afin d'apporter du care au robot (Cassou-Nogués, 2015/1 n° 58).

D'où notre interrogation sur ce qui est vital pour l'homme en sus de l'information : l'énergie de Vie par son corps et son méta corps. En quelques mots, notre intérêt se porte sur ce qui nous rend humain.

Du corps représenté au méta corps : le vital en question.

Cette promesse technologique sous forme de progrès ou d'innovation nous renvoie en Occident à la technique et à l'idée de dépassement des limites. Déjà au XVIIe siècle, le philosophe français René Descartes, pour qui le corps était comparable à une machine, avait imaginé la possibilité d'une pensée hors du corps. Rêver de se libérer de notre corps et de ses limites par la science est une tentation humaine que le transhumanisme, courant idéologique, pense enfin pouvoir réaliser.

Des approches philosophiques sur le *bios* et le *zoè*, perçues par Agamben en 2014 et croisées à des approches artistiques concernant les hybridations somatechniques (Andrieu, 2011) nous paraissent essentielles pour poser la relation de l'homme à son environnement technologique ou à un monde plus large (Rosa, 2018). Car si notre civilisation occidentale constate une inflation de la représentation (selfies, photos…) le corps lui se retrouve désincarné ou fragmenté sans reliance au monde. Le vital est de plus en plus soumis à questionnements alors qu'il a longtemps servi de référence ; même s'il peut entraver notre connaissance par une sujétion physique.

Qu'en est-il dès lors, à l'époque de l'intelligence artificielle ? Comment la représentation ou la construction logique de raisonnements, de data, voire de compléments ou de réparations de nos corps humains se développe et émerge dans cette culture technologique et médiatique ?

Aujourd'hui, certains pensent que la dérive la plus importante de l'IA est de tendre à réduire le vivant à un code : le mathématicien américain et père de la cybernétique Norbert Wiener écrivait en 1950, dans *The Human Use of Human Beings* (*Cybernétique et société*), qu'on pourra un jour « télégraphier un homme ». Quatre décennies plus tard, l'idée transhumaniste du *mind uploading* est élaborée sur le même fantasme, selon lequel le monde réel tout entier peut être réduit à des unités d'information transmissibles d'un hardware à un autre. L'idée que le vivant peut être modélisé en unités d'information se retrouve aussi chez le biologiste français Pierre-Henri Gouyon. Les principes d'imprédictibilité et d'incertitude sont présents dans toutes les sciences exactes. C'est pourquoi l'aspiration à la connaissance totale des transhumanistes s'inscrit dans un discours technologique ultime et irrationnel, discours empreint de religion et d'éternité. Cette aspiration semble répondre aux besoins métaphysiques de notre vie contemporaine, car les transhumanistes tentent de repousser l'incertain, l'aléatoire et la mort.

Qu'en est-il vraiment ?

Une autre représentation est perceptible : le vivant s'hybride avec la machine et il le sera certainement encore davantage avec les produits issus des nouvelles technologies ambiantes. Si certains conçoivent cela comme une religion, certains le conçoivent comme une potentialité à réguler en intentions algorithmiques et en comportements éthiques. Une précision sur la cybernétique nous est nécessaire.

Héritier de l'approche cybernétique de Norbert Wiener (1894-1964) et plus spécifiquement de Cybernétique et société écrit en 1950, l'homme serait sans intérieur (contenu ou boîte noire selon l'École de Palo Alto) et il serait sujet et objet de relations grâce à l'information et l'énergie qui le traversent. De facto, à partir de cette représentation de nombreuses utopies et idéologies se sont posées. Si Breton souligne que cet homme est sans intérieur, ceci révèle aussi que le réel peut tout entier s'interpréter en termes de messages et de réseaux de médiations. Et pourtant avec grandes nuances, dans le chapitre sur Wiener *Cybernétique et société.* (1950), D. Bougnoux, en 1993 dans Sciences de l'Information et de la Communication, pp 442-454, précise une réflexion paradoxale, la cybernétique serait une interdiscipline et de fait, certaines conséquences en découleraient :

> *« Le premier effet de cette approche du réel est de congédier les distinctions reçues entre l'artificiel et le vivant, l'âme et le corps, la machine et l'esprit. La logique du raisonnement est indifférente à la matérialité des supports : ce n'est pas le hardware qui qualifie les phénomènes, mais la structure logique des événements ou des comportements. Une nouvelle ontologie en résulte, fondée sur la relation (maître mot de ce nouveau paradigme, qui influencera profondément par exemple les psychiatres de l'école de Palo Alto). Du point de vue de la connaissance autant que de l'existence, la relation prime toujours sur le contenu (intérieur) d'un être ou d'un phénomène : ce contenu est d'ailleurs baptisé 'boîte noire'), et réputé inscrutable autrement qu'en termes d'entrées et de sorties (le couple fameux input/output). La cybernétique revendique donc une méthode comportementale d'étude, ou pour mieux dire : elle examine l'objet ou le sujet sous l'angle de l'information. »*

Parmi les nombreuses et importantes conséquences de cette nouvelle approche, nous relèverons particulièrement que : - vivre, c'est communiquer ou échanger,

- la substance est remplacée par des modèles (patterns) stables sous le flot d'informations et d'énergies qui les traverse (tout corps vivant est un tourbillon plus proche de la flamme que de la pierre...) ;

- Lhomme de Wiener est « sans intérieur » (comme le dit Philippe Breton en sous-titre de son livre) : au rebours du paradigme de Freud, hanté par le dépôt substantiel ou abyssal de l'inconscient au fond de chacun, ce dedans s'extravase avec la cybernétique, qui tente de penser ce contenu en termes de relations, ou qui tend du moins à brouiller grandement ces oppositions. (...) Wiener va jusqu'à imaginer qu'on puisse un jour « télégraphier un homme » (cette idée trouve une illustration saisissante, et pathétique, dans le beau film de Cronenberg *La Mouche*, où le savant s'amuse d'abord à voyager entre les deux « télépoles »). » (...) Au bilan, la cybernétique apparaît moins comme une discipline locale ou particulière que comme une interdiscipline susceptible de les renouveler toutes. Sa démarche incontestablement scientifique se double rapidement d'une dimension prophétique, ou idéologique (ce qui n'est pas forcément une tare). Avec Cybernétique et Société en effet (The Human Use of Human Beings), Wiener tire dès 1950 les leçons sociales, morales, politiques ou pédagogiques de son grand ouvrage de 1948, peu accessible aux non-spécialistes. Il faut pour comprendre cette démarche se replacer dans le contexte post-traumatique de ces années : Wiener se réfère lui-même à Bergen-Belsen et Hiroshima, soit à la crainte très réelle que nos sociétés ne retournent au chaos, c'est-a-dire à « l'entropie. » Bougnoux, Daniel (1993). pp 442-454.

Le Texier, dans son article « Norbert Wiener, mathématicien, écrivain et humaniste » spécifie que Wiener décrit les limites possibles à poser : « Wiener en était bien conscient, il écrivait en 1952 : « *Si nous sommes assez stupides pour abdiquer en tant qu'êtres humains et refuser le respect à nos congénères au nom de considérations douteuses sur l'efficacité et l'intelligence des machines, alors en effet l'humanité quittera la scène et le mérite bien. Ce qui importe est de préserver un mode de vie humain, et aucune des perfections attribuées à la machine ne peut modifier substantiellement notre responsabilité à ce propos.* » Cassou-Noguès, (2014), *Les Rêves cybernétiques* de Norbert Wiener, Suivi de *Un savant réapparaît*, nouvelle de N. Wiener pp.165-166).

Le Texier précise en outre, comme le remarque Wiener, que la machine n'agit pas que sur les corps, mais aussi sur les imaginaires, sur le droit et sur la conception même que l'on se fait de l'humanité. « C'est une autre voie pour éliminer l'humain, non plus en supprimant physiquement les humains, mais en rendant caduque la notion même d'humain », ceci est analysé par P. Cassou-Noguès dans le *N° Multitudes 58* : « Décrire la personne comme une machine, c'est la vouer au travail et à l'exploitation. »

En ce sens, la critique littéraire K. Hayles a raison de voir, dès 1999, dans la cybernétique le terreau où ont germé les théories posthumanistes de Marvin Minsky, Hans Moravec et Ray Kurzweil. En niant qu'il existe des différences essentielles entre l'humain et la machine, la cybernétique peut ouvrir vers l'anti-humanisme en prenant fondement sur « la matérialité de l'informatique » Hayles K (1999), *How We Became Posthuman : Virtual Bodies in Cybernetics, Literature, and Information.*

Ce n'était pourtant pas le cas de Wiener.

Le plus important est de convenir que ces médiatisations complexes et empreintes de représentations idéologiques ou religieuses peuvent nous permettre de développer un point de vue analytique et anticipatoire, en deçà de toutes conjectures et réfutations.

Notre corps pourrait ainsi nous servir de repère en tant que forme de vie. G. Agamben par son œuvre , dessine un nouvel usage des corps. Le mot usage utilisé par lui désigne la forme de vie que nous dessinons chacun, racine grecque "zoé" : le fait de vivre et "bios", la façon de vivre. À nous de comprendre sous le regard de G. Agamben et d'Illich que la Vie n'est pas survie, mais vitalité et forme de vie de l'individu. La question essentielle que pose G. Agamben, mais aussi Andrieu de façon plus pragmatique et artistique est :

> *« Que signifie le fait que la vie privée nous accompagne comme un passager clandestin ? (...). Cependant, c'est seulement si la pensée est capable de trouver l'élément politique qui se cache dans la clandestinité de l'existence singulière, et si, au-delà de la scission entre public et privé, politique et biographie, Zoé et bios, il est possible de dessiner les contours d'une forme de vie et d'un usage commun des corps, que la politique pourra sortir de son mutisme et la biographie « individuelle » de son « idiotie » », Agamben G, 2014, L'Usage des corps, Homo Sacer, IV, 2, Prologue, p.21 et p.22)*

Conclusion

Comment ce corps soumis à ces environnements technologiques accrus pourrait-il être dynamisé (voire augmenté) ou contaminé (voire infirmé) par les effets de la robotisation ou par les conséquences de l'abstraction ambiante ? Allons-nous devenir des hommes robotiques par les effets de notre propre méta corps ?

Po ser à nouveau la question de l'existence d'intelligences hybrides ou multimodales en se fondant uniquement sur l'hypothèse d'une coévolution humain/robot ne peut convenir ici, car cela reviendrait à tenter d'oublier que le robot est seulement une machine. L'hybridation entre l'homme et la machine est déjà une réalité. Certaines des applications de l'IA sont contestables : collecte de données qui empiètent sur la vie privée, algorithmes de reconnaissance faciale supposés identifier des comportements hostiles ou imprégnés de préjugés raciaux, drones militaires et armes létales autonomes...

Toute réflexion d'anticipation peut être salutaire, car l'après troisième révolution industrielle entraînée par l'Internet et l'Internet mobile, les technologies de l'intelligence artificielle (IA) associées aux données de masse comme les big data, annonce déjà une possible quatrième révolution qui causerait des bouleversements et des changements dans les équilibres mondiaux. Stipuler assurément comme concepts de base des fondements de valeurs éthiques sur l'existence, la vie humaine ne peut être qu'au cœur de toute réflexion économique, géopolitique et sociétale (Babinet, 2014). Des arbitrages mondiaux seront nécessaires à tout monopole d'usage surabondant.

Deux paradigmes sont de fait discutés à l'heure actuelle en sciences cognitives ; l'un nommé *cognitivisme* issu de la Théorie Computationnelle, base des sciences cognitives ayant pour fondements les représentations mentales et au premier plan les raisonnements, et l'autre qualifié d'*enaction*, paradigme enraciné dans la biologie (fondements de ce paradigme principalement explicités par Maturana et Varela, Maturana H. R., Varela F. J., Young (préface) (1992) *Tree of knowledge : the biological roots of human understanding*) Ce deuxième paradigme donne de facto de l'importance à l'expérience vécue des organismes vivants, l'humain compris. Cette expérience entraîne tout être vivant à faire exister le monde propre dans lequel il vit. d'où la nécessité pour l'humain d'appréhender ses adaptations et ses ajustements non en conjectures uniquement scientifiques ou marchandes, mais en défis et enjeux, Stewart, Gapenne, Ezequiel Di Paolo (2010), Enaction. Toward a new paradigm for Cognitive Science.

« *Quand une industrie s'arroge le droit de satisfaire, seule, un besoin élémentaire, jusque-là l'objet d'une réponse individuelle, elle produit un tel monopole. La consommation obligatoire d'un bien qui consomme beaucoup d'énergie (le transport motorisé) restreint les conditions de jouissance d'une valeur d'usage surabondante (la capacité innée de transit).* », I Illich, Énergie et équité, 1975.

Bibliographie

Agamben G. (2015), *L'usage des corps : Homo Sacer, IV, 2*, Paris, Seuil, Collection L'Ordre Philosophique.

Andrieu B (2011), Les avatars du corps : Une hybridation somatechnique, Montréal, Ed. Liber.

Ansermet F., Magistretti P.,(2004), *A chacun son cerveau. Plasticité neuronale et inconscient* , Paris, Odile Jacob.

Asp, K. (1990). Medialization, media logic and mediarchy. *Nordicom Review, 11(2)*, 47-50.

Babinet G. (2015), Big Data, penser l'homme et le monde autrement.Paris, Le Passeur Editeur.

Babinet, G. (2014), L'ère numérique, un nouvel âge de l'humanité. Cinq mutations qui vont bouleverser notre vie, Paris, Le Passeur.

Baudrillard, J. (1976). *L' échange symbolique et la mort*. Paris : Gallimard.

Bausinger, H. (1984). Media, technology and daily life. *Media, Culture & Society*, *6(4)*, 343- 351.

Benasayag M. (2016), Cerveau augmenté, homme diminué, Paris, La Découverte.

Benasayag M. (2017), La singularité du vivant, Paris, Le Pommier.

Bensoussan A., (1995) Les biotechnologies, l'éthique biomédicale et le droit, Hermès science publications.

Bergson H. (2011), *Le cerveau et la pensée*, Paris, Presses Universitaires de France, 1ère édition, 1904.

Bergson H, (2013), *La pensée et le mouvant*, Paris, PUF, Collection Quadrige, 1ère édition, 1938.

Besnier, J-M(2012), L'homme simplifié : le syndrome de la touche étoile, Paris, Fayard

Besnier, J.-M. (2012), Demain les posthumains : Le futur a-t-il encore besoin de nous ?, Fayard/pluriel.

Bratosin S. (2016), « La médiatisation du religieux dans la théorie du post néo-protestantisme », *Social Compass*, September, n°6, pp.405-420, doi : 10.1177/0037768616652335.

Berger, P. L., & Luckmann, T. (1967). The social construction of reality : a treatise in the so- ciology of knowledge. London : Penguin.

Bougnoux, Daniel (1993). Cybernétique et société (1950) Norbert Wiener (1894-1964) *Sciences de l'Information et de la Communication*. Larousse, Paris. pp 442-454.

Caseau Y. (2016), (dir.), *L'homme augmenté conduit-il au transhumanisme ?*, Paris, Parole et Silence Éditions.

Cassou-Noguès, *(2014), P. Les Rêves cybernétiques de Norbert Wiener*, Suivi de *Un savant réapparaît*, nouvelle de N. Wiener, Paris, Seuil, p.165-166.

Cassou-Noguès, P. « Le robot qui vous veut du bien », *Multitudes,* 2015/1 n° 58 | pages 210 à 215, ISSN 0292-0107

Changeux J-P, (1994), *Raison et plaisir,* Paris Odile Jacob

Chiron E., « Méta-corps et immersion numérique », *Entrelacs* [En ligne], HS | 2012, mis en ligne le 01 août 2012, consulté le 28 janvier 2019. URL : http ://journals.openedition.org/entrelacs/296 ; DOI : 10.4000/entrelacs.296

Claverie, B., (2010), L'homme augmenté : Néotechnologies pour un dépassement du corps et de la pensée, Paris, L'Harmattan.

Couldry, N. (2004). Theorizing media as practice, *Social Semiotics 14 (2)*, 115-132.

Couldry, N. (2012). Media, society, world : social theory and digital media practice. Cambridge, Oxford : Polity Press.

Couldry, N., Hepp, A. (2013), Conceptualizing mediatization : Contexts, traditions, arguments, *Communication Theory*, 23 (3), pp.191-202.

Devillers L. (2017), *Des robots et des hommes, Mythes, fantasmes et réalités,* Paris, Plon, http ://laurence-devillers.com

Deuze, M. (2011), « Media life » In *Media, Culture et Society*, 33 (1),pp.137-148, *(PDF) Media Life*. Available from : https ://www.researchgate.net/publication/263565865_Media_Life [accessed Jan 07 2019].

Didier N. (2005), *L'évolution de la pensée éthique médicale*, Paris, Connaissances et Savoirs.

Durand, C. (2007), *Les biotechnologies au feu de l'éthique*, Paris, L'Harmattan.

Eccles John C.,(1994), *Evolution du cerveau et création de la conscience. À la recherche de la vraie nature de l'homme,* Traduit de l'anglais par Jean-Mathieu Luccioni avec la participation de Elhanan Motzkin, Paris, Flammarion

Fukuyama, F., (2004), *La fin de l'homme*, Paris, Folio.

Ganascia, (2017), *Le mythe de la Singularité : faut-il craindre l'intelligence artificielle ?*, Paris, Editions du Seuil, Collection Sciences Ouvertes, 2017

Ganascia, (1990), *L'Âme Machine,* Paris, Editions du Seuil, Collection Sciences Ouvertes.

Hayles K, (1999),, *How We Became Posthuman : Virtual Bodies in Cybernetics, Literature, and Information,* Chicago,PressUChicago,https ://www.press.uchicago.edu /ucp/books/book/chicago/H/bo3769963.html

Hjarvard, S. (2008), « The mediatization of society. A theory of the media as agents of social and cultural change », *Nordicom Review,* 29 (2), pp.105-134.

Hottois, G, (2009), *Dignité et diversité des hommes*, Paris, Ed. Vrin.

Hunyadi, M. (2004), Je est un clone : L'éthique à l'épreuve des biotechnologies, Paris, Le Seuil.

Illich, I, (1975), *Énergie et équité*, Paris, Seuil.

Jeanneret Y, (2011) 1ère éd. 2000, 2ème éd 2007, *Y-a-t-il (vraiment) des technologies de l'information ?* Paris, Presses Universitaires de Septentrion, Collection Les Savoirs mieux.

Kiyindou, A., (2019), *Intelligence artificielle. Pratiques et enjeux pour le développement*, Paris, L'Harmattan, Coll. Communication et civilisation.

Kleinpeter, E. (2013), *L'Humain augmenté*, Paris, Editions CNRS.

Krotz, F. (2017), « Explaining the Mediatization approach. Javnost, The Public Journal of the European Institute for Communication and Culture », 24 (2) In *A critical Appraisal of Media Transformation*, Ed ; Nieminen H, Trappel J., Mediatization and Beyond, pp 103-118.

Krotz, F. (2009). « Mediatization. A concept with which to grasp media and societal change » In *Mediatization : concept, changes, consequences,* New York, Ed. Peter Lang, K. Lundby, pp.19-38.

Krotz, F. (2007), The meta-process of "mediatization" as a conceptual frame, *Global Media and Communication 3(3)*, pp.256-266, https ://journals.sagepub.com/doi/10.../17427665070030030103

Le Dévédec N., (2015), La société de l'amélioration. La perfectibilité humaine, des Lumières au transhumanisme,

Lachaux J-P., (2011), Le cerveau attentif, Contrôle, maîtrise et lâcher-prise, Paris, Odile Jacob.

Lambert X, (2012), *Le post humain et les enjeux du sujet*, Introduction et choix de textes, Paris, L'Harmattan, Coll. Ouverture Philosophique.

Le Texier T., « Norbert Wiener, mathématicien, écrivain et humaniste », *Quaderni* [En ligne], 92 | Hiver 2016-2017, mis en ligne le 05 mars 2017, consulté le 05 février 2018. URL : http :// quaderni.revues.org/1046

Maestrutti, M. (2011), « Chapitre 3. Humain, transhumain, posthumain. représentations du corps entre incomplétude et amélioration », *Journal International de Bioéthique*, vol. 22, no. 3, 2011, pp.51-66.

Magnin, T. (2017), Penser l'humain au temps de l'homme augmenté. Face aux défis du transhumanisme, Paris, Albin Michel.

Malabou C.(2004), *Que faire de notre cerveau ?*, Paris, Bayard, Collection, le temps d'une question.

Maturana H. R., Varela F. J., Young (Préface), (1992) *Tree of knowledge : the biological roots of human understanding*, Ed. Shambala publications Inc., 1987 by H R Maturana, J Varela, J Z Young, 1992 by J Varela

Munier B. sous la dir. de, (2013), Technocorps. La sociologie du corps à l'épreuve des nouvelles technologies. Editions François Bourin

Noël D. (2005), *L'évolution de la pensée éthique médicale*, Paris, Éditions Connaissances et Savoirs.

O'Neil C. (2016), *Weapons of math destruction. How big data increases inequality and threatens democracy,* New York, Crown ; (2018), *Algorithmes : La bombe à retardement*, Préface de Villani C., Traduction française par Marty S., Paris, Les Arènes, pp.340-341.

Pascal, C., Vieira L., Akam A., Des interfaces au bio pouvoir. Le progrès social et le défi humaniste sous le prisme du numérique, *La vie interfaciale 6-7 juin 2018 MSHA, Actes séminaire transversal* Mica, 2018.

Pascal, C, L'âge de l'humanisme numérique, sa culture, sa ritualité, ses mythes fondateurs. *Du super héros augmenté à l'Homme hybride et civilisé* ?, Les Cahiers du numérique 2013/3-4 (Vol. 9), pp.271-291, https ://www.cairn.info/revue-les-cahiers-du-numerique-2013-3-page-271.htm

Rocco Michael C. et Sims Bainbridge W. (dir). (2002), *Converging Technologies for Improving Human Performance.* Arlington, Virginie, National Science Foundation.

Rosa H. (2018), Résonance : une sociologie de la relation au monde, Paris, La découverte.

Simon H 2004, *Les Sciences de l'artificiel,* Paris, Gallimard, Folio, Collection Essais 435

Stewart J., Gapenne O., Ezequiel A. Di Paolo, (2010), *Enaction. Toward a new paradigm for Cognitive Science*, Massachusetts, Ed. Massachusetts Institute Technology Press.

Turkle S., (2015/2011)*Seuls ensemble. De plus en plus de technologies de moins en moins de relations humaines*, trad. de l'américain par Claire Richard, Paris, Éd. L'Échappée, coll. Pour en finir avec.

Wiener N. (2014/1948), *La Cybernétique : information et régulation dans le vivant et la machine* présentation de R. Le Roux, traduit par R. Le Roux, R. Vallée et N. Vallée-Lévi, Paris, Seuil.

Wiener N. (2014/1954), *Cybernétique et société : l'usage humain des êtres humains* présentation de R. Le Roux, traduit par P.-Y. Mistoulon, Paris, Seuil.

L'INTELLIGENCE ARTIFICIELLE FACE AUX DÉFIS LOGICO-PHILOSOPHIQUES DU DÉVELOPPEMENT DE L'ESPRIT HUMAIN

Auguste NSONSISSA

Université Marien Ngouabi de Brazzaville.

Résumé

La position problématique de la mathématique universelle dans le dispositif de la philosophie de Leibniz est l'objet de cette réflexion, et ce, à partir de l'articulation du symbolique et de la philosophie des caractères. En effet, chez Leibniz émerge une réflexion qui tend à montrer que la question du développement de l'esprit humain implique particulièrement l'analyse de la nature du signe. Qui plus est, est en rapport avec la problématique de la relation entre « l'intelligence artificielle » et la « mathématique universelle ». En revanche, l'enjeu philosophique de notre communication est de montrer que l'intelligence humaine est une forme d'invention ou d'imagination scientifique propre à l'être humain au moyen des « caractères ». La part de l'humain dans le développement technoscientifique nous paraît déterminante et indéniable. Nonobstant le fait que l'Intelligence artificielle (IA), dans ses modélisations respectives, aide à résoudre un certain nombre des problèmes existentiels de l'homme, c'est à ce dernier que revient la responsabilité éthique d'améliorer les machines, à les développer par la robotique, particulièrement. À la différence de l'homme qui se doit de se développer, il n'est pas toujours évident de voir la machine se réaliser sans intervention humaine.

Mots-clés

Artificiel, calcul, caractères, caractéristique, géométrique, intelligence, universel, raison

Introduction

Le texte qui suit essaie de défendre l'idée fort complexe et embarrassante à la fois, de la possibilité d'une corrélation entre les deux types de caractéristiques dont Leibniz vise l'instauration (Belaval, 2005, p.116). L'on pourrait même reconstituer l'histoire de la philosophie autour de cette conjonction, non équivoque, voire à géométrie variable de la valeur de ces formes de caractéristiques. Il n'est pas rare de constater d'entrée, que certains protagonistes de la logique du langage ou du langage logique l'admettent difficilement. D'autres estiment que l'on peut y aller tout *de go* parce que Leibniz est de ceux des logiciens modernes qui en ont fait grand cas. Simplement parce que c'est en quelque sorte un des points de mire de sa pensée, de sa philosophie et de son « perspectivisme » (Knecht, 1981, p.335). D'autres encore pensent qu'il est justifié, en raison et en logique, aujourd'hui, de soupçonner un lien séminal entre les deux axes de la caractéristique et de l'avènement de l'intelligence artificielle. Mais la nature même de la relation devra bien sûr être précisée, l'association n'allant pas toujours de soi à cause des habitudes et pouvant même apparaître, si l'on reste fidèle à la tradition métaphysique où l'interprétation majoritaire, contre-naturelle entre la *Mathesis Universalis* et l'intelligence artificielle chez Leibniz.

Par contre, cela n'est donc pas fort étrange quand on traite de cette réflexion épistémologique qui travaille plutôt à analyser la nature de la complémentarité (Belaval, *op.cit.,* p.279) entre la « Caractéristique universelle » et « la Caractéristique géométrique » en termes de corrélation, et ce dans le dispositif leibnizien comme acheminement vers l'intelligence artificielle. On semble y adhérer en même temps que de très nombreux spécialistes qui acceptent d'admettre cette souscription, principalement en raison des conséquences éthiques particulières qui en découlent. Cette approche exige de nous l'élaboration de réflexions transversales sur le langage logique et le langage artificiel. Parce que, de nos jours, une emprise de « l'intelligence artificielle » (Kiyindou, 2019, p.23) tend à prendre corps dans tous les domaines du savoir contemporain et à travers elle une emprise technique, et partant scientifique dans presque toutes les branches des activités humaines au rang desquelles on peut situer la logique et « la philosophie des milieux techniques » selon l'expression de Jean-Claude Beaune. L'intelligence dite artificielle fait donc partie intégrante des rationalités contemporaines et se manifeste effectivement partout, pour ainsi dire. Qui peut donc oser lui résister là où s'impose la nécessité de la problématique « des philosophes et leur langage » (Belaval, 1952, p.213) moyennant l'actualité des chiffres et des caractères ?

Cela étant posé, il est fondamental pour la vie communautaire, en général et pour la science en particulier d'étudier la corrélation mise en exergue entre les deux formes de la « Caractéristique » telle que Leibniz les promeut. En fait, « dans la chose mathématique considérée universellement » se posent déjà les prémices de la problématique de la logique artificielle. Elle ne va pas sans renvoyer aux « modèles mathématiques » qu'il a conçus, et précisément en visant l'instauration du « projet d'une *mathesis universalis* » (Rabouin, 2006, p.13.) tel qu'il est visé par Leibniz et après lui Boole, Frege, Jevons, John Venn et autres (Gérard, *op.cit.,* p.29). Dans cette réflexion, nous n'insisterons que sur l'analyse de la nature de la relation entre « la Caractéristique universelle et la Caractéristique géométrique » chez Leibniz (1995, p.14) comme acheminement vers l'intelligence artificielle chez Leibniz (Belaval, *op.cit.*, p.179.).

Dans le fond, « la position problématique de la *mathesis universalis* dans la pensée de Leibniz » (2018, p.11.) nous préoccupe au premier chef. Deux hypothèses de travail seront alors vérifiées : d'abord, nous mettrons le doigt sur la logique symbolique comme relation de la *lingua caracteristica* et du *calculus rationcinator*. Ensuite, nous étudierons les caractères comme quelque chose qui donne à penser ; qui plus est, considère le calcul logique comme expérience de la pensée humaine. L'idée que nous défendrons est très présente dans l'interprétation qu'en a faite Rabouin, « en Annexe II » de son ouvrage lorsqu'il construit l'« essai bibliographique sur la *mathesis universalis* chez Descartes et Leibniz » (Rabouin, *op.cit.*). Ainsi, sur la base de ce qui précède, nous proposons certaines reconceptions que l'on peut faire de la « Caractéristique », en examinant un arrière-fond philosophique et historique dont la partie principale est une théorie générale des symboles.

De plus, nous mettrons le doigt sur quelques indications controversées indiquant l'évolution du projet et au final déboucher sur quelques considérations éthiques des difficultés auxquelles l'applicabilité de « l'intelligence artificielle » s'expose à la lumière de la philosophie contemporaine de la technoscience. Cela rend possibles bien évidemment des comparaisons par-dessus des barrières apparemment infranchissables entre, par exemple, la logique et l'éthique. Bien loin d'effacer des distinctions rigides sur leur base entre de tels opposés présumés, nous nous donnerons les moyens pour essayer d'identifier non pas les distinctions entre eux, mais la reconnaissance des passerelles communes souvent négligées et leurs rôles respectifs apparentés dans le processus général de la compréhension des faits sociaux, politiques et esthétiques aujourd'hui. La « Caractéristique géométrique » et la « Caractéristique universelle » telles que croisées complémentairement fondent l'horizon philosophique du programme leibnizien et dont le ciment paraît loin d'être purement historique. d'autres approches s'y rattachent à l'instar de ses écrits sur le droit, la théologie, l'éthique, etc.

Toutefois, notre problématique brasse quelques interrogations, sinon une question liminaire : qu'est-ce que la Caractéristique géométrique par rapport à la Caractéristique universelle ? De plus, la mathématique universelle de Leibniz a-t-elle une incidence sur l'intelligence artificielle dont la portée est encore philosophique ? Pour le dire autrement, « les caractères » de la logique symbolique ne sont-ils pas un acheminement vers « l'Intelligence artificielle » ? Ces questions reviennent à se demander finalement si Leibniz ne peut pas être considéré comme un métaphysicien de l'artificiel (Verley, 1999, p.9.). Encore une fois, elles ont peut-être déjà fait l'objet d'une publication éclairante et importante par Yvon Belaval dans *Études Leibniziennes* quand il évoque l'idée relative au

« *Calculemus* » (Belaval, 1976, p.381), c'est-à-dire « *une machine à lire* » et Marcel Nguimbi (2013)[5]. Ce regard a révélé « les indexations multiples, émergences de structures, constellations lexico-conceptuelles, concordances, diachronies, analyses de style, attributions, repérages d'éditions, critique matérielle, etc. » (Belaval, *op.cit.,* p.381), comme éléments de réflexions et d'applications de l'informatique aux textes philosophiques à la lumière des promesses faites par Leibniz globalement dans ses écrits.

Partant de cette trouvaille, il y a tout lieu de (re)-penser que c'est la *Caractéristique géométrique* de Leibniz (*op.cit.,* p.12.) où se donne déjà à lire visiblement l'expression « caractéristique géométrique » qui aide à tracer le chemin menant au langage de l'informatique. Elle permet de justifier historiquement l'évolution de la problématique, l'utilité et le déchiffrement du sens transversal des « caractères » ainsi que leur bon usage dans la pratique scientifique en général, et au cœur des sciences formelles en particulier. Comment ne peut-on pas dégager les propriétés essentielles des caractères qui structurent le langage symbolique parlé par les individus vivant en communauté. En fait, le langage des signes ou les signes comme langage logique à la lumière de « l'idée de mathématique universelle » (Rabouin, 2009, p.195) constituent une tendance qui traverse de part en part l'histoire de la philosophie en général et celle de la philosophie de la « logique formelle » (Vernant, 2018, p.109.) à l'histoire des sciences et des technosciences en particulier.

Si l'expression « intelligence artificielle » souffre d'un relatif silence dans le lexique des philosophes antiques, particulièrement, doit-on conclure que c'est un éveil tardif que de voir les logiciens modernes du moins à partir de Leibniz s'attacher à un problème, semble-t-il, marginal, à cause de la métaphysique (Cambier, 2016, p.8) qui paraît contester ce qu'il y

---

[5] Nous disons nos remerciements explicites et notre gratitude sincère au Professeur Marcel Nguimbi (dir.) qui nous a fourni l'aide logistique à la faveur de son article intitulé : « L'intelligence humaine face au défi de l'intelligence artificielle » in *Hommage à Charles Zacharie Bowao*, Paris, L'harmattan, 2013.

a d'arbitraire dans le signe ? Mais, il nous paraîtrait essentiel de mettre l'accent sur les raisons et les causes qui nous poussent à étudier dans le fond et dans le ton un langage des signes relativement à la problématique de l'intelligence artificielle, en perspective. Ce programme permet de fixer les éléments du langage symbolique comme indice logique et philosophique de cet outil technoscientifique de la connaissance humaine.

De la sorte, nous serions amenés à passer au peigne fin le sens et la signification des symboles logiques dits artificiels. Au final, nous interrogerons le destin épistémologique de la « logique calculatoire de Leibniz » à l'instar de celle de Boole ; non sans renvoyer à ce que Michel Serres appelle « le système de Leibniz et ses modèles mathématiques » (Serres, 1968, p.535), comme une des sources par excellence de la logique formelle que nous examinons.

La constitution de l'idée de mathématique universelle comme expression philosophique du développement de l'esprit humain

L'idée qui domine tient de l'apport de la logique symbolique dans la mise en route inédite de l'avènement de l'intelligence artificielle. Pour ce faire, nous prenons comme angle de vue les positions tenues par les logiciens modernes sur l'apport des formes au cœur de la logique mathématique de Leibniz en parallèle avec l'algèbre de Boole en guise d'illustration. Ces philosophes modernes des sciences ouvrent la voie de l'algébrisation de la logique et de la formalisation des analytiques aristotéliciennes. Cela indique l'élan d'élaboration possible d'un langage qui se veut universel de part en part ; moyennant la reconstruction symbolique de l'ancienne analytique issue d'Aristote. Mais cet aspect doit être nuancé, parce que l'évolution ultérieure de la logique moderne et son ascendance vers le langage artificiel relativement à la philosophie contemporaine sont presque inscrites dans la pensée humaine qui est non seulement en progrès, mais aussi, et surtout en procès.

Indice ontologique par excellence entre l'homme et l'animal, la question du langage symbolique est spécifique à l'homme parce que les animaux ne font pas des signes élevés au rang de la dignité de l'artificiel. Pour ce faire, pareil argument rationnel doit être reconduit à propos de la question du langage symbolique qui est, par ailleurs, en étroite corrélation objectale avec la nature humaine dont la vie se déploie dans l'univers propre des caractères. L'artificiel conduit donc à poser une question : l'analytique du signe est-elle une évolution ou une ascendance du langage codifié dont l'intelligence artificielle est l'incarnation ? Pour le dire autrement, comment peut-on situer le langage artificiel par rapport au langage ordinaire ?

Ces questions posent le problème de ce qu'il faut entendre d'abord par la logique chez Leibniz et ensuite sa conception de la logique comme jeu des signes depuis « les mathématiques pythagoriciennes » (Verley, 2013, p.287). La conception leibnizienne de la logique se donne à penser sous « les formes de la pensée » (Fayeretti, In Leibniz, *op.cit.*, p.233.) et du langage. Quelle résonance a-t-elle encore aujourd'hui ? Leibniz aborde bien la nature et la fonction de la logique quand bien même il n'aurait pas visiblement mis en relief un traité systématique de logique. Dans *Les Nouveaux essais*, quelques indications montrent effectivement ce qu'il entend par logique, c'est-à-dire l'art qui enseigne non seulement l'ordre, mais aussi la liaison des pensées. Plus explicitement, la logique n'est rien moins que l'art de penser. C'est l'art d'utiliser rationnellement l'entendement sans laisser le champ libre à l'arbitraire. Pour résumer cette conception leibnizienne de la logique à une idée : la logique est la science de raisonner, de juger, d'inventer ou de découvrir.

Il s'agit, en plus, d'une conception artificielle de la logique, parce qu'il y a lieu de penser le lien séminal chez Leibniz entre « la logique artificielle » et « la logique naturelle ». Dans la première « le caractère » peut communier avec le langage artificiel par la mise en rapport des deux aspects de la pensée qui ne conduisent pas à une impasse. Loin s'en faut. Que faut-il entendre par philosophie des caractères et se peut-il qu'il y ait une idée commune des caractères chez Leibniz et les anciens ? Ainsi posée cette question nous amène à poser effectivement le problème du rapport de la philosophie des caractères de Leibniz à celle de ses devanciers ; qui plus est, à celles dites postérieures à son système de pensée.

Par ailleurs, les philosophes-logiciens modernes comme Leibniz et Boole, en particulier, ne sont pas venus si tard à l'intérêt pratique et social des symboles pour envisager indirectement « l'intelligence artificielle » dans notre vie communautaire. En fait, ils ont montré chacun à sa manière que les hommes peuvent s'entendre en calculant. De même, ils ne sont jamais venus à la négligence des « signes » ; encore moins de « symboles » mathématico-logiques dans l'élaboration des « lois de la pensée » et dans la mise en route des questions de métaphysique de la connaissance. Pour preuve Louis Couturat (1901, p.227) qui s'est attaché aux principes mathématiques et logiques de la vérité n'a pas manqué de toucher à l'articulation du langage, des principes et de la métaphysique. Puisqu'il s'agit des défis logiques et philosophiques de l'intelligence artificielle sur lesquels nous nous focaliserons, venons-en d'abord à la définition de la logique (Diagne, 1992). Cette affirmation s'attache bien à l'idée selon Leibniz où le noyau logique vise à articuler également « langage et compositionnalité » (Fayaretti, in Leibniz, *op.cit.*, p.280) moyennant la méthode d'analyse. Qui plus est, c'est proprement sur la méthode analytique que Leibniz innove dans sa nouvelle conception « artistique » de la logique. (Belaval, *op.cit.*, p.385)

Cette forme de la logique en appelle une autre, celle qui tend à mettre en relief la nature et le but de la logique formelle en tant que fil conducteur allant de la « Caractéristique géométrique à la mathématique moderne » (Leibniz, *op.cit.*, p.36). Qu'une telle approche ne soit pas inédite, on a à peine besoin d'en faire la remarque historique. En plus, pour Souleymane Niang (in, Bachir, *op.cit.*, p.7.), la naissance de la science logique remonte aussi loin que possible dans le temps, mais sans trahir sa fonction transversale même dans le domaine théologique. Cette implication métalogique peut éventuellement avoir d'une part sur notre conception de la logique de Leibniz et sur sa valeur scientifique des réserves. Mais l'élan de sa pensée vers l'Encyclopédie nous l'accorde. C'est ce que nous nommons la

« corrélation entre les deux versants de *La Caractéristique* » chez Leibniz.

S'agissant de la nature de la relation entre la logique formelle et l'intelligence artificielle, on peut oser penser qu'elle est à la fois historique et théorique. Théoriquement, il n'empêche que la réflexion logique et philosophique sur l'intelligence artificielle ait, en effet, déjà été présente dès les prémices de la pensée classique. Un des deux exergues ouvrant l'ouvrage d'Hubert I. Dreyfus (1984, p.3.) *Intelligence artificielle, mythe et limites* ne lui sont-ils pas consacrés ? À la lumière de cette question, on ne saurait se dispenser, sous quelque prétexte théorique que ce soit, de la réflexion philosophique sur l'intelligence artificielle, de reconstituer sa portée logique au cœur du symbolisme auquel adhèrent la plupart des logiciens modernes et contemporains à l'instar de Frege, Venn (Sounaye, 2004, p.61), etc., et donc d'en exposer les éléments constitutifs et constatatifs. Parce que l'intelligence artificielle est indispensable si l'on veut comprendre la « logique de la conception » du langage symbolique, l'attribution du symbolique au langage, c'est-à-dire « la reconstruction artificielle du langage » en vue d'instaurer « la science du système intellectuel » (Diagne, 1989, p.81) pour la vie pratique en communauté d'individus. C'est, au final, à comprendre les enjeux philosophiques, les approches logiques (*Ibid.*) et les horizons critiques que nous nous attachons en nous référant tout particulièrement aux philosophes modernes.

Alors donc, notre propos affronte cette tâche en un triple mouvement. Le premier mouvement essaie de montrer comment la pensée logique et philosophique s'attache bien évidemment à « l'intelligence artificielle » au grand matin de la naissance de la philosophie par les Grecs, lorsqu'ils ont cru pouvoir la développer moyennant le langage des signes, et ce conformément à l'histoire de la logique formelle. Cette idée trouve son prolongement dans la portée symbolique du langage à la faveur des éléments de logique moderne, pour ainsi dire. Si bien que les idées de Leibniz, Boole, Frege, Jevons et Venn ; qui sont à la fois philosophes, logiciens et mathématiciens, nous serviront d'hypothèses de travail. Car ils ont consacré essentiellement leurs travaux de logique formelle à l'analytique du signe (Eco, 1988, p.5.) et ses difficultés.

Cette hypothèse ne va pas sans examiner les imperfections des systèmes formels. Ensuite, articuler l'intelligence artificielle et l'intelligence de la complexité revient à fixer les difficultés du symbolisme logique à la lumière des travaux de ces derniers qui ne manquent pas de reconnaître des seuils à l'optimisme du symbolique (Steels, 1992, p.119.). C'est à ce niveau d'analyse que les défis logiques et philosophiques auxquels l'intelligence artificielle s'expose à la difficulté de tout démontrer. L'idée conclusive revient à ce qui sous-tend finalement notre position sur la portée sémantique et pratique de l'intelligence artificielle. Pour ce faire, nous mettons en évidence les axes éthiques de ces défis à savoir l'appel du post-humanisme. Cela est une certaine idée permettant de considérer le langage artificiel comme un des buts visés par l'intelligence humaine dans l'ordre de « la production originelle des choses prise à sa racine » (Leibniz, *op.cit.,* p.169). Sur ce point d'importance, la pratique langagière technologique permet donc d'argumenter désormais comme carences (Besnier, 2010, p.47.) éthiques de la technique. C'est ce que Jean-Michel Besnier soupçonne chez ceux qui font la part belle à la technique comme « pour un autre homme, un autre langage. » (*Ibid.*, p.49.)

Pareille réflexion se centre effectivement sur la notion de « signe » et sur les problèmes philosophiques qu'elle pose dans la dynamique de la logique et son histoire. Au delà même, le symbolisme logique se doit d'être considéré comme un domaine opératoire en vue d'accéder à la signification du symbolisme formel. Comme le révèle Jean Ladrière (1970, p.25), les signes ne vont pas sans les concepts aussi bien dans les sciences formelles, les sciences empirico formelles que les sciences herméneutiques (Ricœur , 1969, p.16). Il s'agit, pour le dire autrement, de penser la méthode descriptive des signes, l'analytique des modèles et des interprétations auxquelles il se prête dans la signification originale que les philosophes du langage lui donnent. Ces derniers se sont effectivement livrés eux-mêmes à une tâche d'explicitation. Cela posé, nous avons donc choisi de mettre en avant le point de vue logique et philosophique du signe pour penser l'intelligence artificielle. Pour ce faire, l'ouvrage de Dreyfus est en fait celui qui rend possible cet état de choses en termes de « mythes » et « limites » du langage logique. (Dreyfus, *op.cit.*). Il en résulte nécessairement la problématique du langage symbolique au cœur de l'histoire de la logique moderne. Deux axes majeurs peuvent donc structurer la portée d'entrée de la logique et la philosophie dans la problématique de l'intelligence artificielle tant célébrée de nos jours.

On peut évoquer d'abord la mise en avant de quelques indications de l'histoire moderne par la domiciliation de la logique chez Leibniz en particulier, en tant que branche de la philosophie de la connaissance ainsi que le rôle des mathématiques dans la construction du langage symbolique chez la plupart des logiciens modernes. Ensuite, on peut dégager les aspects fondamentaux de l'introduction à la logique formelle dans l'axe scientifique et technologique sur l'avènement de l'intelligence artificielle. Bachir Diagne (*op.cit.*, p.49) qui travaille sur le langage symbolique à partir de George Boole se situe dans l'élan de construction de l'intelligence artificielle. Cette perspective permet de rendre explicites l'évolution, l'ascendance et les décadences qu'elle a connues. Encore faut-il souligner que les philosophes ont aussi consacré une part importante de leur énergie spirituelle à la logique et son histoire, sans vouloir s'accorder absolument sur ses enjeux, ses reformulations, son statut et ses aspects (Boole, *op.cit.*, p.80). Dans ce sens, Boole consacre l'essentiel de son algèbre de la logique à l'analyse logique des signes en général et des signes logiques et mathématiques en particulier. Ils sont exprimés en langage symbolique au détriment du langage usuel. Il y a là un lien évident entre le langage logique et l'intelligence artificielle dans la mesure où Boole s'efforce de traduire les phrases où se construit le raisonnement dans le symbolisme qu'il essaie de mettre en place sous le grand angle de vue visant à « appliquer les techniques du calcul des propositions ».

À examiner les modèles et l'interprétation que Bachir Diagne (*op.cit.,* p.49.) en fait, on peut quand même voir ce que cela signifie de ne retenir que l'essentiel du langage logique, c'est-à-dire le symbole. Pour le dire autrement, malgré la multiplicité des expressions logiques dans la langue naturelle, l'accès à l'intelligence artificielle ne peut se faire qu'au moyen de la « reconstruction symbolique du langage » (Diagne, *op.cit.*, p.111). Quoi qu'il en coûte, Boole à l'instar de Leibniz présente son évolution historique en référence à Aristote (Boole, *op.cit.*, p.21) qui a étudié le langage en contexte onto-logique. En fait, depuis Aristote, la pensée philosophique a exercé une certaine influence sur l'étude de la démarche de l'esprit humain vers la construction du langage symbolique, en mettant en place le signe logique et mathématique. Par contre, c'est sur ce point précis qu'elle a provoqué d'âpres discussions, des oppositions strictes et non exhaustives entre les philosophes du langage. En partie, l'histoire de la logique a suscité des prétentions parfois excessives allant jusqu'à viser l'instauration d'une « méthode parfaite » (*Ibid.*, p.81). C'est dans cet idéal poursuivi par ces derniers qu'il faut comprendre l'intelligence artificielle à partir des écrits de Leibniz, Boole, etc., chemin faisant, cela revient à fixer le mouvement épistémologique et philosophique qui s'est opéré de l'ancienne analytique à la nouvelle. Dans son déroulement, le travail réalisé par Boole par exemple est passé de *l'Analyse mathématique de la logique* aux *Lois de la pensée*. À la faveur de ces écrits, l'intention de mettre en place un langage des signes s'est manifestement dévoilée comme un véritable programme de recherche. Pareille intention demeure constante, car elle conduit l'esprit humain à pouvoir anticiper sur ce que sera l'intelligence artificielle sous l'angle du langage-calcul. Par ailleurs, ce qu'il y a de commun et d'universel entre l'intelligence artificielle et le langage humain, ce n'est pas tant le rapport du langage logique au raisonnement humain, encore moins l'articulation du sens de la logique et du langage, mais surtout l'instauration des « lois des signes » (Diagne, *op.cit.*, p.112) pour raisonner infailliblement. Effectivement, chez Boole s'instaure « la reconstruction symbolique du langage » dont il vise fondamentalement la réalisation. Ce programme tient de la conviction rationnelle selon que « les éléments composant tout langage sont des « signes » ou des « symboles » dont les propriétés logiques et mathématiques s'éclairent de la définition du signe aussi bien chez Boole que chez Leibniz. À partir de George Boole (*op.cit.*, p.25) une question se pose : comment ne peut-on pas y voir les linéaments d'une mise à jour de la logique artificielle au détriment du langage naturel, puisque l'intelligence dite artificielle se déploie également au moyen d'une combinatoire des signes techniques, technologiques ? Dans le fond, du signe on en arrive au signal. C'est un indice de la transition du naturel au culturel, et de là au virtuel.

Conséquemment, de l'arbitraire du signe logique procède aussi la manipulation des symboles dans le langage artificiel. Dans cette corrélation, nous retenons la conséquence capitale pour l'intelligence artificielle qui ne va pas chez Boole, sans « constitution de l'écriture symbolique des éléments de la logique ». En d'autres termes, à ce niveau d'analyse, nous avons tout lieu de penser que rien, dans la nature de l'intelligence artificielle, ne s'oppose aux symboles logiques que les philosophes du langage emploient. L'intelligence artificielle implique le langage des signes ; qu'il s'agisse des « lettres » ou « les signes que sont les mots du langage ». Il n'est pas exclu dans un langage artificiel de retrouver l'usage de ce que Boole appelle « les symboles littéraux, tels que x, y, z, etc. », « les signes d'opération tels que +, -, × », « le signe d'identité = ». Alors, ces symboles logiques trouvent leur justification dans « l'intelligence artificielle » face à la « logique naturelle ».

Des questions se posent encore : les signes ont-ils une fonction réelle ? Sont-ils vraiment nécessaires dans la construction de l'intelligence artificielle ? Et si oui, comment opèrent-ils ? Parler de logique, c'est penser le signe au cœur de la logique formelle. Le signe peut être écrit ou non. Mais, tout se passe comme s'il était tautologique de dire « logique formelle », car cela va de soi. Il se trouve que le langage artificiel se prête à l'interprétation des symboles ou des signes en général. Le domaine par excellence où cette opérationnalité est rendue possible est celui de la syntaxe logique. En effet, « la syntaxe logique s'occupe des règles formelles de constitution des expressions et de dérivation de ces expressions les unes des autres. » (Diagne, *op.cit.*, p.77.) Qu'appelle-t-on signe (Peirce, *op.cit.*) ? Pour répondre à cette question il importe, d'entrée, de se référer à « la sémiotique » et la « phanéroscopie » (*Ibid.*, p.83.) de Peirce particulièrement.

Parvenu à ce niveau d'analyse, d'un défi à l'autre, nous mettons le doigt sur l'unité problématique de la philosophie des caractères de Leibniz tant du point de vue historique que théorique. Ce défi qui plus est se veut méthodologique consiste en ceci que les écrits leibniziens sur la mathématique universelle ne sont pas simples. Leur complexité est liée au fait qu'au-delà de la constitution réelle d'une logique en tant que telle, Leibniz n'a cessé de rêver de l'instauration ultérieure d'une « logique de l'imagination » (*Ibid.*) dont on ne fait souvent pas grand cas dans l'élucidation du sens prospectif de son projet. Souvent confondue à la *Caracteristica Universalis* et avec *l'ars combinatoria*, la *Mathesis Universalis* est quelque chose de spécifique. Parce qu'aucun texte, selon David Rabouin, n'autorise à accréditer ces équivalences. Mais cela n'exclut pas le droit de les lier ou les relier d' une manière ou d'une autre, sans jamais les identifier. Conséquemment, pareille relation de complexité n'est valable qu'au prix d'une variation d'acceptions relatives à l'identité de la *Mathesis Universalis* elle-même.

De plus, le manque d'unité de sa philosophie des signes tient à la dynamique des caractérisations de ce projet. Une introduction y relative signée par Rabouin en fixe les repères historiques et tend tout au plus à nous faire comprendre que *la Mathesis Universalis* est aujourd'hui un problème philosophique. (*Ibid.,* p.10). En conséquence de ce qu'il y a de problématique dans cette considération historique apparaît le constat critique selon lequel « les travaux des historiens ont montré que ce postulat n'est tout simplement pas fondé. Le concept *de mathesis universalis* apparaît dès avant Descartes, dans un contexte de réflexions sur l'unité des mathématiques » (*Ibid*., p.11). Encore une fois, ce propos nous conduit à analyser la nature de la relation de complexité qui s'instaure chez Leibniz entre la « *mathesis universalis* » et « l'intelligence artificielle » en tant que résultante des progrès réalisés par l'esprit humain dans la capitalisation de la valeur fécondante et heuristique du langage des caractères. Ou bien si on ne devrait pas fonder et se fonder sur les caractères, sur quoi d'autre (se) fonderait-on ? Tout comme il n'est pas difficile de percevoir les sous-entendus de cette question corollaire, en particulier l'idée selon laquelle la question du fondement ou de fondation de la connaissance est tout à la fois inévitable, légitime et, nous en déplaise, parfaitement solide lorsqu'elle tend à opposer Leibniz à Descartes. Elle procède des « remarques sur Descartes » faites par Leibniz (Leibniz, *op.cit.,* p.31). La difficulté vient de ce qu'on peut évidemment se demander si chez Leibniz et chez Descartes (Belaval, *op.cit.*, p.199)[6] le rapport à l'arithmétique va de soi pour les deux dans la mise en route du projet de la construction d'une langue universelle. Cette nuance hypothétique peut conduire à fixer la différence de nature ou la différence de degré qui peut s'instaurer entre « le géométrisme cartésien » et « l'arithmétisme leibnizien ». Mais cette approche ne nous préoccupe pas pour autant qu'elle fait l'objet d'une réflexion émise par Yvon Belaval (*Ibid.,* p.202.). Plutôt, nous avons choisi d'orienter le propos vers l'articulation possible entre la mathesis et l'intelligence artificielle.

Par-delà l'unité problématique de la philosophie de Leibniz il y a quelque chose qui est constant, la possibilité d'articuler le langage logique et la logique artificielle. De la nature de la relation entre ces deux domaines découlent les raisons d'articulation de la mathesis *universalis* et l'intelligence artificielle. Sous de dehors simples, cette reliance est extrêmement complexe et peut s'entendre de plusieurs manières. On peut associer le naturel et le culturel ; et partant l'artificiel. Il peut apparaître comme l'évidence même que cette association est, justement, par principe, tolérable dans la mesure où la philosophie de Leibniz revêt un caractère encyclopédiste. En effet, lorsqu'on pense affirmativement que Leibniz a anticipé sur la construction de l'intelligence artificielle, et que par le fait même, on déclare licite, et peut-être naturelle, ou tout au moins tolérée l'association, la caractéristique universelle et la caractéristique géométrique vont de pair parce qu'elles préparent

---

[6] Pour Belaval, il apparaît que « Descartes n'aime pas l'arithmétique dont, au contraire, s'inspire Leibniz ». Cf. *Leibniz critique de Descartes, op.cit.,* p.199.

l'esprit humain à inventer, imaginer des machines capables d'améliorer la lecture des alphabets et des pensées humaines.

Ces deux types de caractéristiques se développent solidairement, se soutenant mutuellement, fonctionnant sur des registres différents, celui de l'universalité comme principe rationnel d'une part, et celui de la mathématisation et du conditionnement symbolique de l'autre. Il est donc difficile d'asserter que l'une des modalités de caractères peut avoir parfois le dessus ou passer le relais à l'autre. La clause technique annonce que toutes les modalités dans le régime affirmatif moyennant le principe logique et mathématique se valent et sont donc interchangeables. Les nuances entre les caractéristiques ne sont rien moins que de degré. Ainsi, si l'on juge l'association licite, on déclare simplement qu'en droit et en fait elle ne peut être exclue du dispositif leibnizien tant l'invention de la mathématique universelle nous y ramène.

Le défi analytique de la complémentarité entre *Mathesis Universalis)* et Intelligence artificielle

La question qui se présente à l'esprit, pour qui traite des problèmes d'intelligence artificielle à partir du langage logique, est de savoir ce que veut dire la *Mathesis,* et, une question subsidiaire oblige : que peut être cette relation d'association, entre la « Mathesis » dont il s'agit alors de rendre compte, et l'intelligence artificielle ? Quelle est la pertinence de cette relation pour qu'on ait pu supposer qu'elle pourrait être de nature principielle ?

La problématique renvoie aux défis logiques et philosophiques de l'intelligence artificielle. Mais, avant d'en arriver à la problématique du défi et du sens de ce défi qui est celui de la difficulté de tout démontrer et de l'incertitude de la connaissance, une précision s'impose. Les « caractères » constituent la voie de passage de la *mathesis universalis* à l'intelligence artificielle.

Cette affirmation se résume à la valeur et la fonction des caractères aussi bien dans la *mathesis universalis* que dans la construction de l'intelligence artificielle. Leibniz analyse les caractères mis en question suivant 108 volets.

À tout prendre, ces défis sont d'ordre théorique, logique et phénoménologique. La position de Boole dans le débat moderne sur les imperfections du langage logique ou des signes logiques est d'abord liée aux hésitations. Ensuite, ce dernier a nuancé son propos quant à savoir si le langage est de tout temps indispensable comme instrument de la logique. Dans cet élan de problématisation des fondements de la mathématique universelle, nous avons choisi de mettre le doigt sur la théorie générale des formes chez Leibniz comme sa condition de possibilité et quête de « fondements des mathématiques » (Desanti, 1975, p.241). La reconnaissance des formes est une affaire extrêmement ancienne. La notion de « forme » prend des formes chez Leibniz. Elle est liée à une série d'entités et d'approches . Il rattache la forme à la méthodologie pour déchiffrer « son sens méthodologique » (Leibniz, *op.cit.,* p.61.), en termes de « forme correcte de raisonnement », « forme logique » relative à l'étude leibnizienne du « syllogisme » (*Ibid*., p.137.). Au-delà de ce qui est méthodologique, Leibniz s'avise à montrer l'attachement de la forme à la métaphysique. Le « sens métaphysique » (*Ibid*., p.157) de la forme fait corps avec « la forme substantielle », posant ainsi la problématique de « l'unité d'une substance » (*Ibid*., p.219.).

La caractéristique géométrique aura à révéler cette forme tant au niveau divin que méthodologique. Par ailleurs, partant des *Lois de la Pensée à l'Analyse Mathématique de la Logique*, il apparaît que George Boole ne défend pas absolument la thèse de l'identification de la théorie logique à la théorie du langage. Ce qui est en jeu est le sens du défi épistémologique de l'intelligence de la complexité du symbolisme logique. Dans le fond, ce qui nous paraît déterminant c'est le fait que la logique de Boole anticipe sur ce que sera « les limitations internes des formalismes », parce qu'il estime que le langage quoique algébrique ou logique, est limité aux lois des signes logiques, et à « l'Univers du discours » (Boole, *op.cit*., p.59). Au-delà, le raisonnement logique débouche sur des considérations métalogiques. Alors, tout se passe comme si la restriction dont souffre le champ logique du discours était de nature à exposer le calcul formel à la difficulté de la traductibilité effective, et ce malgré la forme du discours logique comme un des éléments caractéristiques « des sciences de la forme, aujourd'hui » (Dagognet, *op.cit.*, p.113).

Or cette difficulté interne au symbolisme se prolonge au niveau de ce que Boole appelle le défi de « l'emploi du symbole ininterprétable » (*Ibid.*, p.83) dans les procédures logico-mathématiques. La science logique s'assigne des limites au « mathématisme » (Diagne, *op.cit.,* p.175) face à la question de l'ininterprétable et à la complétude de la logique symbolique. Il semble que chez Boole se trouvent des symboles logiques dénués de signification auxquels il est impossible de donner une signification logique (*Ibid.*). On peut donc dire qu'à partir de lui « nous pouvons passer d'un résultat interprétable à un résultat ininterprétable et de ce dernier à nouveau à un résultat interprétable » (Boole, *op.cit.*, p.68). Plus même, l'appellation : « symboles impossibles » est donc envisagée à par l'intervention des signes qui signifient très exactement le caractère impossible d'une interprétation arithmétique.

Dans la même veine, Bachir Diagne estime qu'au-delà du paradigme de l'interprétable, « le paradigme même de l'ininterprétable » joue un rôle important au niveau de la manifestation des symboles applicables selon les ensembles (Diagne, *op.cit.,* p.177.). De la sorte, il est de la nature de la philosophie de procéder à la critique de ce qui semble aller de soi pour tous. Malgré l'apport de Boole dans l'institution d'une nouvelle analytique, il appartient à John Venn de critiquer la méthode analytique pour asseoir la nouvelle méthode des « diagrammes ». (*Ibid.*, p.178.) De fait, c'est là un aspect important des carences du calcul formel. Plutôt, le sens du défi épistémologique se révèle ainsi lorsque la signification du flou et du vague se pose comme problème d'interprétation des systèmes logiques. L'on a donc la possibilité de dépasser la « nouvelle analytique » dont Boole vise l'instauration. Dans la même veine, Bachir Diagne (*Ibid.*, p.179.) C'est pourquoi le défi logique est interne au système de Boole relativisé par Jevons à partir du langage des diagrammes. Cela explique fondamentalement les réserves émises par les devanciers de Boole. Ils ont constaté que son symbolisme, une fois compliqué à l'extrême, « ne faisait que rendre "obscures et mystérieuses" les méthodes » parfaites qu'il a envisagées. C'est dire que le logicisme n'est pas toujours conquérant, parce qu'il trouve ses frontières au niveau soit du mysticisme (Bouveresse, 1973, p.21), soit de l'éthique. En fait, il faut les prendre comme des prolongements par rapport aux carences logiques dont le logicisme fait preuve.

Parvenu à ce point, il est opportun de faire mention de la notion de « machine » à l'intérieur du corpus leibnizien. Peu avant la machine de Turing, il est un fait que Leibniz rêve de l'avènement d'une « machine à lire » selon l'expression d'Yvon Belaval. D'après lui « Ce rêve d'exhaustivité, l'opération informatique le réalise tout au moins dans l'analyse d'un texte donné » (Belaval, *op.cit.*, p.382). Il en résulte un changement qualitatif « d'échelle » dans la mesure où ce que l'esprit humain a cerné du point de vue quantitatif se trouve raffiné par la machine. Au-delà se voit attribuée aux modernes l'origine des découvertes dans le domaine de l'informatique. Leibniz travaille à la machine à lire suivant cette configuration scientifique et technique qui prévaut au XVIIe siècle. Pour le coup Leibniz pousse loin la recherche jusqu'à viser la simplification dans les techniques de lecture. La doctrine de Leibniz est de nature à révolutionner la prise en main des lettres et des chiffres au moyen des inventions dans le domaine de l'informatique qu'il opère en son temps. C'est donc un défi devant l'avenir de la raison scientifique et le devenir des rationalités modernes. Il s'agit de la réduction scientifique d'un côté et de l'incomplétude essentielle de la science logique, de l'autre.

Mais le sens de ce défi philosophique est d'un intérêt heuristique plus large. Pour Jean-Yves Girard, c'est partant de « *la machine de Turing* » (Girard, 1995, p.13.) que nous sommes passés « de la calculabilité à la complexité épistémologique ». Chemin faisant, « sous le signe de Gödel » apparaissent également les « théorèmes de complétude et d'incomplétude ». Le grand angle de vue par lequel se donnent à penser les défis logiques et philosophiques ou « phénoménologiques » auxquels s'expose l'intelligence artificielle est la place de l'intuition dans la construction symbolique du langage. Qui plus est, plusieurs axes majeurs sont évoqués pour le dire autrement. Au-delà des aspects proprement logiques liés aux questions de limites internes des formalismes (Ladrière, 1970, p.165.), c'est aux indications phénoménologiques relatives à la question des carences de la technique que nous allons nous attacher.

(Diagne, *op.cit.*, p.49). Ensuite, quand « l'intelligence artificielle » (Steels, *op.cit.*, p.117.) se déploie en produisant formellement la preuve d'un argument qui se veut valide par la démonstration logique, il apparaît que la mécanicité du langage sacrifie le « raisonnable » sur l'autel de la froideur du « rationnel ». (Diagne, *op.cit.*). D'une part, le sens du défi tient de l'incomplétude logique du calcul propositionnel face au double jeu de l'implicite et de l'explicite dans le raisonnement, ou au cœur de la nature de la relation entre raison et discours. Déjà, chez John Venn, une difficulté se pointe : celle de la représentation exhaustive de l'information contenue dans le symbole. Psychologiquement, il est possible d'omettre une étape, une intuition, lorsqu'il s'agit de syllogiser le raisonnement. Tout se passe comme s'il demandait aux mathématiciens de prêter eux aussi quelque attention à l'entreprise de la complexité logico-mathématique. En effet, d'Euclide à Frege, en passant par Blaise Pascal, les limites de la preuve sur fond d'exigence de rigueur démonstrative trouveront leur réalisation dans « les limitations internes des systèmes formels » (Ladrière, 1957, p.67.), allant jusqu'à poser les conditions de possibilités d'une tension entre utopie (Bouveresse, *op.cit.*, p.141.) et réalité en science.

Parvenus à ce niveau d'analyse, d'un défi à l'autre, nous mettons le doigt sur l'unité problématique de la philosophie des caractères de Leibniz. Ce défi méthodologique consiste en ce que les écrits leibniziens sur la mathématique universelle ne sont pas simples. Souvent confondue à la *Caracteristica Universalis* et avec *l'ars combinatoria*, la *Mathesis Universalis* est quelque chose de spécifique. Parce qu'aucun texte, selon David Rabouin, n'autorise à accréditer ces équivalences. Mais cela n'exclut pas le droit de les lier ou les relier d'une manière ou d'une autre, sans jamais les identifier. Conséquemment, pareille relation de complexité n'est valable qu'au prix d'une variation d'acceptions relatives à l'identité de la *Mathesis Universalis* elle-même. De plus, le manque d'unité de sa philosophie des signes tient à la dynamique des caractérisations de ce projet qui conduit, finalement, au mouvement épistémologique allant de la logique symbolique à la métaphysique de l'artificiel. Que peut-on alors en penser ? Du constat selon lequel toute intelligence artificielle procède d'abord d'un langage symbolique ou quelques symboles ont véritablement valeur de caractéristiques, nous choisissons donc d'identifier la question de la mathesis et de sa possibilité relativement à la mise en route inédite du langage artificiel. Pour ce faire, nous mettrons ainsi en évidence réciproquement l'enjeu épistémologique attaché à la mathématique universelle.

Ce mouvement épistémologique partant de la logique symbolique à la métaphysique de l'artificiel traduit fondamentalement le sens et l'essence du défi logico-philosophique de l'intelligence artificielle. En effet, en dehors du caractère arbitraire du signe, et de son « ininterprétable », il est justifié d'évoquer la problématique de l'articulation de la forme et du contenu du signe (Verley, 2003, p.32.) et même de la dimension ontologique de la machine : « les machines peuvent-elles penser ? » (Girard, 1995, p.113.) Partant de cette question posée par Jean-Yves Girard on peut être amené à trouver le lien séminal qui s'instaure entre les défis logiques ou mathématiques de l'intelligence artificielle et la critique heideggérienne de la machine du point de vue phénoménologique. Par cette voie, de l'intelligence artificielle on passerait à l'intelligence de la complexité. « Quant à la possibilité de donner des défauts humains aux machines » il vaut mieux ouvrir la question à la problématique du « post-humanisme » ou « transhumanisme » dont les contours éthiques restent encore à sonder.

Au total, malgré l'avènement de l'intelligence artificielle, il y a, comme dit le philosophe, des choses qui dépendent de nous, mais il y a aussi celles qui ne dépendent pas de nous. Cette exigence des limitations internes à notre existence doublée paradoxalement de nos conditions de possibilités tient de la naissance des limites de l'intelligence artificielle et de l'intelligence artificielle des limites. Cela étant, tout le travail des logiciens modernes aura été particulièrement d'apporter une réponse négative à la question de savoir si l'étude de l'intelligence artificielle n'est pas coextensive à l'étude philosophique du langage symbolique.

La position de ces derniers dans l'avènement de l'Intelligence artificielle est de nature à apporter un démenti à la thèse qui trouve chez certains logiciens-mathématiciens positivistes et réductionnistes une expression célèbre selon laquelle « la logique n'a aucune parenté commune avec l'Intelligence artificielle ». Bien au contraire ! Il se trouve que l'application du calcul logique à l'analyse symbolique d'arguments formels en dit long (Verley, *op.cit.*). Nous pensons que l'étude de l'intelligence artificielle ne va pas sans croiser « le besoin d'une méthode générale en logique » (Boole, *op.cit.*). Le vif du signe est asserté au cœur de la logique, la philosophie moderne et contemporaine du langage. Partant de la problématique de l'instauration d'une caractéristique universelle (Leibniz, *op.cit.*, p.55.), nous avons relevé que la complexité de la nature des rapports entre l'intelligence analytique et l'intelligence synthétique est de mise. Elle nous fait prendre conscience de la grande peine de l'édifice artificiel du langage *logico*-mathématique dont le philosophe William Hamilton dit qu'il a été construit laborieusement et imparfaitement, avec force limitations, corrections et règles qui en altèrent la symétrie et en ont grandement diminué l'utilité. Il se lit, entre ces lignes énonciatives, le désir ardent de voir émerger davantage le langage artificiel, se manifester dans la logique de la conception philosophique des choses. Faire du formel le fruit d'une intelligence artificielle qui ne soit pas seulement l'étude de tel ou tel système, mais aussi, et surtout l'étude pragmatique de la communication, telle est la voie de passage du langage ordinaire au langage artificiel. Cette tradition s'est construite sur les « axiomatiques formalisées » selon l'expression de Robert Blanché, (1955, p.55.) dont les fondamentaux sont « la formalisation » et « la symbolisation ».

Le plus important est non seulement la prise à bras le corps des « indémontrables » et « des « indéfinissables » par les logiciens contemporains, mais aussi, et surtout des « limites de la méthode axiomatique » (*Ibid.*, p.86.). L'accès aux théorèmes de

« métamathématique » est la voie royale qui mène à l'incomplétude et à la complexité des systèmes formalisés. Blanché (*op.cit.*, p.28.) En fait, comme dit Jean-Yves Gérard « l'on imagine mal très mal que l'on se mette à parler comme une machine » en exhibant toutes les hypothèses et la conséquence logique d'un argument. Bien souvent, il y aura des hypothèses tacites dans le raisonnement, soit parce qu'elles sont évidentes, soit parce que l'on veut persuader sans trop avoir raison sur les choses émergentes. Ou encore, pour diverses raisons éthiques et technologiques, l'on peut vouloir se contenter d'insinuer une certaine conclusion relative à la « capabilité » de l'homme qui transcende la capacité des machines à calculer. Sans l'énoncer explicitement en langage naturel, la Logique pourrait donc servir d'outil de restitution de la totalité des arguments incomplets de ce genre » (Diagne, *op.cit.*, p.52.).

Sur ce point d'importance nous pensons que cette élaboration de l'incomplétude logique des signes, si elle occupe, aujourd'hui, la rampe de la scène de l'épistémologie de la complexité, n'appartient par ailleurs uniquement pas à l'esprit nouveau du savoir, ni peut-être à la philosophie du symbole qui, de nécessité, ne s'en dégage pas. Dès la naissance de la pensée philosophique, le rapport à l'ineffable était déjà là sous la forme de la poursuite de la vérité. Jean-Yves Gérard (*op.cit.*, p.115.) Cela dit, tout au long de sa vie l'humanité remettra sur le métier le projet inabouti d'un langage mathématiquement et logiquement parfait. Celui qui semble s'exprimer directement par le biais des calculs et des équations s'expose à des difficultés. Dans cet échantillon de problèmes il est difficile de se satisfaire totalement du « *logos*-calcul » qui serait la seule forme de la pensée garantissant l'avenir de la raison et le devenir des rationalités. Ce serait les prémisses d'identification du « *logos*-raison ».

Conclusion

À ce stade, il faut revenir sur le point nodal qui ressort de notre réflexion sur les écrits leibniziens consacrés essentiellement à l'analyse de la nature des relations entre la « Caractéristique universelle » et la « Caractéristique géométrique » de façon à scruter davantage la signification et la valeur heuristique de la *Mathesis Universalis*. Nous avons trouvé par ce biais un aperçu incomplet, en grande partie controversé et problématique de la consubstantialité du rationnel et du raisonnable chez Leibniz particulièrement. L'objectif ayant été de surmonter la gageure de la réforme de l'entendement humain. De même, le débat d'idées qui s'est instauré entre « Leibniz et Descartes » tant du point de vue de la dépendance philosophique de la mathématique universelle que de la finalité logique de celle-ci rentre dans le cadre des défis logico-métaphysiques qui restent encore à surmonter. Cet angle de vue dialogique a visé plutôt à montrer les nuances entre les deux approches de la philosophie cartésienne et de la philosophie leibnizienne par quelques côtés et non pas toujours du côté de la genèse même du projet de la *Mathesis*. En ce sens, Renée Bouveresse (Bouveresse, 1999, p.1.) nous a averti que le dispositif leibnizien en la matière est à double entrée : « la philosophie qu'il a proposée est à double titre une philosophie de l'harmonie : harmonie qu'elle affirme du monde, et harmonie qu'elle tente de réaliser parmi les philosophes ». De fait, oser soupçonner au cœur de la logique artificielle une dose de métaphysique ne peut que susciter d'autres interrogations. Accessoirement, et pourtant décisivement, qu'est-ce que cela peut vouloir dire que quelque chose de métaphysique ait lieu dans le langage artificiel et acquiert pour autant de la valeur parce qu'on voit à l'intérieur du symbolique un niveau d'arrêt ? Quel est ce type d'ouverture à la métaphysique ? « Pouvons-nous en conscience la transposer sans état d'âme en science, ou ne le faisons-nous alors qu'inconsciemment, quasi mécaniquement, par défaut ou à contrecœur ? Et quelle que soit la manière dont nous nous prenons, peut-on prendre au sérieux une connaissance obtenue de cette façon-là ? » On sait par ailleurs que cette valeur n'est pas innocente parce que Belaval trouve « la doctrine de l'essence chez Hegel et chez Leibniz », quand bien même on aurait de bonnes raisons de nier que notre souscription à la métaphysique de l'artificiel est importante. Pour l'ensemble, l'image de la connaissance chez Leibniz a toujours combiné « le simple et le composé ». Pour les détails, les procédures qui y conduisent, une fois cette articulation donnée, rendent bien compte des limitations internes du langage symbolique artificiel.

Bibliographie

Benmakhlouf A. (2016). *La conversation comme manière de vivre,* Paris : Albin Michel.

Besnier J.-M. (2012). *L'homme simplifié. Le syndrome de la touche étoile*, Paris : Fayard.

Besnier J.-M. (2010), *Demain les posthumains. Le futur a-t-il encore besoin de nous ?* Paris : Fayard, coll. « Pluriel », Paris.

Blanché R. (1955), *L'axiomatique,* Paris : PUF, coll. « Quadrige ».

Boole G. (1992). *Les lois de la pensée*, Paris : Vrin, coll. « Mathesis ».

Bouveresse R. (1999). (dir.). *Perspectives sur Leibniz*, Paris : Vrin, coll. « Science-Histoire-Philosophie ».

Dessinga, G. K. (2018). *Penser l'humain aujourd'hui. Ce siècle, sera-t-il, enfin, le siècle de l'homme ?* Préface de Charles Z. Bowao, Paris : L'Harmattan, coll. « Ouverture philosophique ».

Diagne B. S. (1989). *Boole. L'oiseau de nuit en plein jour,* Paris : Belin, coll. « un savant, une époque ».

Diagne B. S. (1992). *Logique pour philosophes*, Dakar : Les Nouvelles Editions de Dakar (NED).

Girard J.-Y. et Turing A. (1995). *La machine de Turing, trad. de l'anglais par Julien Basch et Patrice Blanchard*, Paris : Seuil.

Hanson N. R. (2001). *Modèles de la découverte, trad. de l'anglais par Emboussi Nyano*, Paris : Dianoia, coll. « Fondements de la philosophie contemporaine des sciences ».

Hottois G. (dir.). (2015). *Une Encyclopédie du transhumanisme et du post-humanisme, « l'humain et ses préfixes »*, Paris : Vrin, coll. « Pour demain ».

Husserl E. (1969). *Recherches logiques*, 1, trad. de l'allemand par Hubert Elie, Paris : PUF, coll. « Epiméthée ».

Kiyindou A. (2019). *Intelligence Artificielle. Pratiques et enjeux pour le développement*, Paris : L'Harmattan, coll. « Communication et civilisation ».

Leibniz W. G. (2018). *Mathesis Universalis. Ecrits sur la mathématique universelle*, trad. franç., par David Rabouin, Paris : Vrin, coll. « Mathesis ».

Leibniz W. G. (1995). *La caractéristique géométrique*, trad. franç., par Marc Parmentier, Paris : Vrin, coll. « Mathesis ».

Leibniz W. G. (2005). *Opuscules philosophiques choisis*, trad. franç.,par Paul Schrecker, Paris :Vrin, coll. « Bibliothèque des textes philosophiques ».

Mouelé Njoh E. (2018). *Quelle éthique pour le transhumanisme ? Des hommes augmentés et des posthumains, demain en Afrique ?* Paris : L'Harmattan.

Moscovici Serge. *La machine à faire des dieux*, Paris : Fayard, coll. « L'espace du politique ».

Morand B. (2004). *Logique de la conception. Figures de sémiotique générale d'après Charles S. Peirce*, Paris : L'Harmattan, coll. « Ouverture philosophique ».

Morin E. (1996). *L'intelligence de la complexité*, Paris : L'Harmattan, coll. « Cognition et Formation ».

Morin E. (1994). *La complexité humaine,* Paris : Flammarion, coll. « L'Essentiel ».

Morin E. (2018), (dir.). *Complexité et organisations. Faire face aux défis de demain,* Paris : Editions Groupe Eyrolles.

Neyrat F. (2015). *Homo Labyrinthus. Humanisme, antihumanisme et post-humanisme*, Paris : Editions Dehors.

Nkourissa, C. L. (2018). *Langage, science et politique chez Thomas Hobbes*, Préface de Professeure Chanta Jaquet, Paris : Paari, Cahiers de Métaphysique.

Nguimbi M. (2013). (dir.). *« L'intelligence humaine face aux enjeux de l'Intelligence Artificielle », Penser l'épistémo-logique. Hommage à Charles Z. Bowao*, Préface du Pr. J. L. Aka Evy, Paris : « Ouverture philosophique », pp. 127-142.

Parrochia D. (1993). *Philosophie des réseaux*, Paris : PUF, coll. « La politique éclatée ».

Pascal B. (1985). *De l'esprit géométrique. Ecrits sur la Grâce et autres textes*, Paris : Flammarion.

Rabouin D. (2017). (dir.). *Leibniz. Lectures et commentaires*, Paris : Vrin.

Rabouin D. (2009). *Mathesis Universalis. L'idée de « mathématique universelle » d'Aristote à Descartes*, Paris : PUF, coll. « Epiméthée ».

Searle R. J. (2004). *Liberté et neurobiologie. Réflexions sur le libre arbitre, le langage et le pouvoir politique,* trad. de l'anglais par Patrick Savidan, Paris : Grasset, coll. « Nouveau Collège de Philosophie ».

Serres M. (1968). *Le système de Leibniz et ses modèles mathématiques, II, « Schémas-Point »*, Paris : PUF, coll. « Epiméthée ».

Sounaye A. (1994). *« La méthode des diagrammes de Venn », in Autour de la méthode. De Descartes à Feyerabend*, (dir.) Souleymane Bachir Diagne, Dakar : PUD, coll. « épistémè », pp.61-71.

Steels L. (2013). « L'intelligence artificielle, évolution, ascendance », in *La complexité, vertiges et promesses. 18 histoires des sciences*, (dir.), Réda Benkirane, Paris : Le Pommier, pp.119-131

Verley X. (1999). *Logique symbolique*, Paris : Éditions Ellipses, coll. « Philosophie ».

DES HOMMES & DES ROBOTS : DE LA NÉCESSITÉ D'UNE CHARTE ÉTHIQUE

Cécile DOLBEAU-BANDIN, Olivier DURIS

Unicaen, CERReV (Caen), IERHR (Paris), Chaire UNESCO (Strasbourg)

Université de Paris, CRPMS, F-75013, Hôpital de Jour pour enfants André-Boulloche (association Cerep-Phymentin), Paris, France.

Résumé

À partir d'une réflexion pluridisciplinaire sur les problèmes éthiques et sociaux rencontrés dans le domaine de la robotique, l'Institut pour l'É tude de la Relation Hommes -robots (IERHR) propose une charte éthique pour s'assurer d'un développement de ces technologies respectueux de tous les hommes.

Les robots font partie de notre quotidien (robots sociaux, industriels, agricoles, logistiques, militaires, de service, de santé) et modifient déjà nos relations à notre environnement (travail, santé, éducation…), aux autres, et à nous-mêmes (Tisseron, 2015). Cette évolution nous oblige à concevoir une nouvelle éthique qui intègre les machines comme des partenaires affectifs, et peut-être même juridiques, de notre construction du monde. C'est pourquoi, en 2013, Serge Tisseron et Frédéric Tordo ont créé l'Institut pour l'Étude des Relations Homme-Robots (IERHR).

L'IERHR a pour objet l'étude des relations de l'homme aux divers types de robots (androïdes, robots industriels, robots médicaux, etc.). Il se préoccupe aussi des nombreuses questions soulevées par le développement de la robotique dans les institutions spécialisées, ainsi que des difficultés que ce développement posera à long terme à l'ensemble de la société. La relation que nous allons nouer avec ces machines est en effet appelée à devenir centrale puisque de nombreuses études dans le champ de l'interaction homme-robot nous poussent à penser que nous aurons tendance à interagir avec elles d'une manière similaire à nos interactions avec d'autres humains, tout cela dépendant bien sûr des compétences que ces robots auront à l'avenir (Baddoura, 2017). Il faut savoir que nous ne pourrons pas leur donner les mêmes droits moraux et les mêmes responsabilités que les nôtres, et que les aspects juridiques, moraux et éthiques restent donc encore à penser.

Dans la perspective de la psychologie et des sciences de l'information et de la communication, il s'agit ici de mener une réflexion pluridisciplinaire sur les problèmes éthiques et sociaux rencontrés dans le domaine de la robotique, afin de relativiser et de prendre du recul sur la prétendue superpuissance de l'intelligence des robots. Pour protéger notamment les enfants, les seniors et plus globalement les populations vulnérables contre les dérives liées à l'usage non encadré de ces robots, une réflexion sur la manière de doter ces usagers de connaissances et de compétences adaptées et évolutives est plus que nécessaire.

Des chercheurs, des robots et des études

Dans un premier temps, nous présentons brièvement les travaux des membres actifs, ensuite, quelques autres travaux menés dans le champ de la santé mentale ont fait l'objet d'un colloque organisé par l'IERHR et sont compilés dans les actes : *Robots, de nouveaux partenaires de soins psychiques* (2018).

Recherches des membres actifs de l'IERHR

Serge Tisseron est psychiatre, docteur en psychologie habilité à diriger des recherches, membre de l'Académie des technologies, chercheur associé à l'Université Paris VII Denis Diderot (CRPMS) et membre fondateur de l'IERHR. Son objectif principal à travers ses recherches est de sensibiliser au danger qu'il y aurait à oublier que les robots sont programmés pour nous être agréables, et à l'importance d'une robotique qui soit au service de l'humain.

Frédéric Tordo est psychologue clinicien et psychanalyste, docteur en psychologie clinique, chercheur associé au CRPMS de l'université Paris VII Denis Diderot et par ailleurs membre fondateur de l'IERHR. Sa pratique avec les robots est celle d'un thérapeute et d'un analyste en cabinet, qui a commencé par l'observation de jeunes enfants autistes notamment, qui manifestaient un vif intérêt pour l'interaction avec les machines. Le robot, en tant que médium thérapeutique, permet d'instaurer avec l'enfant autiste « *une relation hybride entre celles qui se créent avec l'animal médiateur, avec l'humain et avec l'environnement non humain et non vivant* » (Frédéric Tordo, 2018, p.87). Il exerce aussi de multiples fonctions thérapeutiques et facilite « *le passage du subjectif à l'intersubjectif* » (Tordo, 2018) et organise, au sein d'une relation thérapeutique, tout un travail de différenciation. Le robot social donne aux enfants autistes la sensation d'être en présence d'un mini-autre, mais prévisible et mécanique, de sorte qu'ils trouvent avec lui une première voie pour explorer la rencontre avec l'autre. C'est donc une prise en charge prometteuse de l'autisme infantile.

Thierry Chaltiel, praticien hospitalier et pédopsychiatre, montre que l'usage du robot NAO dans un Hôpital de Jour pour enfants autistes permet d'instaurer une frontière entre soi et l'environnement chez les patients. Dans cette expérience, les enfants sont invités à faire parler le robot (en enregistrant leur propre voix), le faire se déplacer, bouger les bras, la tête, etc. Les ateliers donnent ensuite lieu à un spectacle basé sur l'album *Une histoire à quatre voix* d'Anthony Brown, et à un autre spectacle plus complet où les enfants écrivent eux-mêmes l'histoire qu'ils mettent ensuite en musique, en bruitages et en mouvements. Les observations des thérapeutes sont parlantes : l'alternance d'un accueil en Hôpital de Jour « contenant » et de séances avec un robot lui-même rassurant permet d'accroître chez le jeune porteur de troubles du spectre de l'autisme (TSA) ses capacités de « fairesemblant », aide à la délimitation du corps ainsi qu'à la conscience de soi.

Pour Marie-Noëlle Clément (psychiatre et psychothérapeute) et Olivier Duris (psychologue clinicien), il est nécessaire d'éviter toute confusion entre l'humain et la machine. Pour cela, le thérapeute doit prendre le temps, lors des premières interactions, de montrer et d'expliquer aux patients qu'un robot est une machine, qui peut donc être allumée, éteinte, rangée dans sa boîte, contrôlée et programmée. Un robot humanoïde NAO est utilisé pour focaliser l'attention d'enfants présentant des Troubles du Spectre Autistique (TSA). C'est un outil supplémentaire pour essayer de travailler avec plusieurs symptômes présents dans ce trouble, comme le déficit de l'attention conjointe et les capacités narratives. En revanche, il n'est absolument pas question de remplacer les thérapeutes humains, qui adaptent bien mieux que la machine leur comportement aux sujets qu'ils ont face à eux.

Ritta Baddoura est docteure en psychologie, Psychologue clinicienne et psychothérapeute. Membre actif de l'IERHR, Chercheuse associée à ÉTHOS (Éthique, Technologies, Humains, Organisations, Société, Institut Mines-Télécom). Ses travaux de recherche portent notamment sur les potentialités thérapeutiques et éducatives des interactions humaines avec les robots ainsi que sur les dimensions sociales et émotionnelles (dans leur lien à la qualité du mouvement) de ces interactions du point de vue de l'humain. Elle souligne que l'usage des robots sociaux est un type de médiation créative qui peut s'avérer riche de potentialités thérapeutiques. Il met ainsi à la disposition des professionnels des ressources additionnelles, inscrites dans la contextualité contemporaine et son imaginaire technologisés, mais qui restent à explorer plus en avant et à valider scientifiquement. L'usage de la robotique comme médiation créative appelle également à repenser la pratique clinique et l'aménagement du cadre thérapeutique, tout comme l'éthique professionnelle.

Cécile Dolbeau-Bandin, enfin, est docteure en Sciences de l'information et de la communication. Ses études récentes portent sur le robot PARO (Personal robot) utilisé dans un centre hospitalier public de Normandie au printemps-été 2016. PARO est un robot social dit « animaloïde », c'est-à-dire qu'il est doté d'une corporéité animaloïde : un robot en forme de bébé phoque harpé qui interagit avec autrui. Son étude montre que PARO apporte dans certains cas des ressources nouvelles et intéressantes, et qu'il peut même en amplifier d'autres. Cette thérapie non médicamenteuse doit être perçue comme un outil complémentaire au travail du personnel soignant. PARO® est bien un co-thérapeute, il est complémentaire dans le travail des soignants.

Le robot NAO comme support relationnel et de dynamique groupale auprès d'enfants porteurs de TSA

Pour Olivier Duris, nous assistons actuellement à une montée en puissance de la robotique dans le domaine industriel et social : des robots sont déjà mis en place dans certains lieux de soins, auprès d'enfants ou de personnes âgées, et sont appelés à gagner nos foyers. Devant ce constat, une étude sur le bénéfice thérapeutique éventuel de ces nouveaux « compagnons humanoïdes » lui est apparue comme essentielle. Sa thèse décrit le robot comme un objet privilégié de projections, capable d'interactions et donc de susciter une empathie chez l'humain qui lui attribue, souvent à son insu, des traits de personnalité ou des émotions (Tisseron, 2015). Il s'agit ici de déterminer le bénéfice éventuel de l'introduction d'un robot humanoïde comme nouvelle médiation thérapeutique dans la pratique clinique auprès d'enfants porteurs de TSA.

Les enfants présentant des TSA sont décrits comme étant en grande difficulté pour identifier les « mimiques » humaines, et plus encore pour intégrer simultanément une multitude d'informations relatives à la fois aux gestes, aux attitudes et aux intonations : la complexité de la communication humaine les déroute. Une situation d'échange normal pour nous, les plonge dans un bain d'émotions contradictoires, à tel point qu'ils sont tentés de se retrancher de toute communication. Il n'est donc pas étonnant que, selon des études déjà menées, ces enfants soient moins en difficulté pour interagir avec un robot qu'avec un être humain. Cette particularité serait d'ailleurs augmentée si l'apparence du robot est perçue comme rassurante par l'enfant. Or c'est exactement le cas du robot NAO. Avec sa taille de petit enfant (58 cm), son visage rond et ses grands yeux colorés, il attire immédiatement la sympathie et l'envie de communiquer avec lui.

De nombreuses études portent aujourd'hui sur la question de savoir comment un robot peut rassurer ces enfants et les engager dans des activités relationnelles simplifiées qui peuvent ensuite servir de matrice organisationnelle pour des comportements relationnels plus complexes, engagés avec d'autres humains. Le robot est alors envisagé comme un support rassurant pour un apprentissage progressif des compétences relationnelles. Ces études se centrent sur le mode de communication spécifique que l'enfant porteur de troubles autistiques établit avec le robot, à la fois du point de vue des capacités relationnelles qu'il peut y renforcer, et de la possibilité pour un professionnel de jouer sur les caractéristiques de la relation pour entrer lui-même en relation avec l'enfant. Ainsi, le robot est envisagé comme une sorte d'interlocuteur « à la carte », adapté aux possibilités et aux pathologies de chacun.

Face au constat qu'il n'existait que très peu d'études à ce jour basées sur une grille de lecture psychanalytique ou sur une approche thérapeutique psychodynamique à médiation robotique, il a décidé de s'interroger sur la façon dont l'introduction d'un robot dans une relation enfant-robot-thérapeute, ainsi que dans un groupe d'enfants porteurs de TSA, pourrait modifier les relations des enfants entre eux, et avec le thérapeute. Les enfants vont-ils considérer chacun le robot comme un interlocuteur possible pour eux-mêmes, ou plutôt comme un jouet, une machine, qu'ils voudraient s'approprier en entrant en opposition avec les autres enfants et adultes ? Quelles différences seront observables dans la relation établie par les enfants porteurs du TSA avec un humain et avec un robot, dans une situation de thérapie individuelle et groupale ? Le robot apportera-t-il une amélioration thérapeutique évaluable et différente de celles déjà apportées par d'autres types de médiations ? Ce sont ces questions auxquelles l'IERHR souhaite répondre par une observation attentive des effets produits par l'introduction d'un robot NAO dans des groupes thérapeutiques avec des enfants porteurs de troubles autistiques, et dans des situations duelles enfant-thérapeute.

Deux groupes thérapeutiques ont été mis en place en parallèle dans un Hôpital de Jour pour enfants (6 enfants par groupe) : un groupe « témoin » (sans NAO) et un groupe « expérimental » (avec NAO). Les deux groupes se sont tenus chaque semaine pendant deux ans dans le même lieu, à raison de 45 minutes par séance, et ont eu comme facteur commun l'utilisation d'une médiation par le conte, selon la méthode de Pierre Lafforgue, un dispositif extrêmement riche et pertinent pour travailler sur la spécificité des processus de symbolisation chez les enfants, ainsi que sur la dynamique transférentielle.

Dans le groupe témoin, l'histoire est contée par une psychologue, tandis que dans le groupe expérimental, l'histoire est racontée par le robot NAO. Dans les deux groupes, deux phrases rituelles d'introduction et de clôture du conte sont prononcées par la psychologue garante du cadre. Une fois le conte terminé, et quand celui-ci est suffisamment intégré par les enfants, une phase « théâtrale » permet au groupe de rejouer l'histoire tous ensemble. Le but de cette expérimentation était d'évaluer si une histoire racontée par un robot pouvait améliorer la compréhension narrative des enfants autistes, appuyant par conséquent les fonctions thérapeutiques de la médiation conte.

Plusieurs différences ont pu être observées entre les groupes témoin et expérimental. Le groupe expérimental a par exemple réussi à suivre beaucoup plus attentivement l'histoire contée dès les premières séances : les enfants écoutaient attentivement le robot NAO parler, imitaient certains gestes et participaient verbalement à l'histoire. À l'inverse, dans le groupe témoin, de nombreuses attaques du cadre par les enfants du groupe ont pu être relevées dans les premiers mois, traduisant une extrême précarité des contenants psychiques ainsi que des angoisses archaïques empêchant toute tentative de restauration d'une enveloppe groupale. L'appropriation de l'histoire semble également avoir été avantagée dans le groupe expérimental : les enfants rejouaient la pièce en se montrant beaucoup plus capables de se détacher des paroles des personnages, pouvant improviser certains passages ou ajouter certains éléments à leur texte tout en respectant le sens de l'histoire, contrairement aux enfants du groupe témoin qui restaient toujours « collés » au texte d'origine. Cependant, le point le plus marquant reste la meilleure compréhension de l'histoire par les enfants du groupe expérimental, qui ont commencé à jouer le conte sous forme de pièce de théâtre au bout de 6 séances, tandis que le groupe témoin a dû attendre la 21e séance !

Les jeux vidéo étant déjà apparus comme de formidables supports pour une médiation thérapeutique, notamment grâce aux différentes formes relationnelles que l'enfant pouvait entretenir avec l'avatar numérique (Duris, 2017), l'étude du rapport enfant/robot humanoïde/thérapeute nous paraît constituer un enjeu d'avenir, notamment dans le domaine des TSA. Suivant les éléments recueillis dans cette recherche, il nous paraît important de pouvoir proposer aux roboticiens des spécificités dans la programmation des robots type NAO pour optimiser leur introduction dans le cadre de groupes éducatifs et thérapeutiques auprès d'enfants autistes.

La robotique est un domaine de plus en plus étudié de nos jours, et l'avenir technologique est envisagé comme passant obligatoirement par une robotisation d'une certaine ampleur, aussi bien sur le plan de l'ingénierie que dans les secteurs économique et industriel. Il est donc fondamental de s'intéresser à ce que pourrait apporter cette avancée technologique sur le plan thérapeutique. La société évoluant en effet parallèlement au développement des nouvelles technologies et des outils numériques, les pratiques et recherches théorico-cliniques se doivent également d'avancer avec, pour ne pas se retrouver perdues à l'avenir. Il faut voir les robots comme une technique additionnelle (Ritta Baddoura, 2016) pour aider les soignants dans leur travail. Il est souhaitable que les soignants restent toujours présents et que les robots soient des « cobots » c'est-à-dire des partenaires de soin.

Trois risques capitaux

Toutes ces avancées ne doivent pas nous faire oublier qu'il existe un côté problématique à l'introduction des robots dans notre quotidien. Dans l'ouvrage *Le jour où mon robot m'aimera, Vers l'empathie artificielle* (2015), Serge Tisseron observe les conséquences du développement de l'intelligence artificielle sur nos relations et notre rapport au monde. Ainsi, « *pour la première fois dans l'histoire de l'humanité, il va devenir possible de satisfaire en même temps trois formes d'attente : celle que nous attachons aux objets, aux objets dont nous nous entourons, et aux images que nous fabriquons. Nous interagirons en effet avec les robots comme avec des humains* » (Serge Tisseron, 2015, p.180). Cette situation hors-norme engendrera trois risques éthiques majeurs :

- Le premier est d'envisager le robot comme un objet comme les autres en oubliant qu'il est programmé et connecté : « la confusion entre l'homme et la machine, et qui risque de nous faire oublier qu'un robot « empathique » pourra être en même temps un espion invisible et permanent de tous les faits et gestes de son propriétaire » *(Serge Tisseron, 2015, p.161) ;*
- Le deuxième est de le considérer comme un « *ersatz d'humain* » (Serge Tisseron, 2015, p.161) capable lui-même d'émotions (émo-robots), de douleurs et d'états d'âme ;
- Enfin, le troisième risque est de projeter sur le robot une image souhaitable de l'humain, et d'assister à « l'infiltration progressive des relations humaines par un idéal de perfection qui n'a rien d'humain » *(Serge Tisseron, 2015, p.176).*

Cet ouvrage alerte sur la nécessité d'anticiper l'arrivée de ces compagnons d'un nouveau genre (Dolbeau-Bandin, 2017). Il est bien temps de réfléchir à la mise en place de « *robots humanisant* » plutôt que de robots humanoïdes (Tisseron, 2015).

Charte éthique à l'usage des robots

Le rapport de la COMEST (Commission Mondiale d'Éthique des Connaissances Scientifiques et des Technologies , hébergée par l'UNESCO, 2017) propose un certain nombre de recommandations, de la conception à l'utilisation des robots, dont notamment l'adoption de codes éthiques pour la robotique et les roboticiens. Le rapport de la CERNA (Commission de réflexion sur l'Éthique de la Recherche en sciences et technologies du numérique d'Allistene, 2014) préconise quant à lui des règles éthiques pouvant encadrer la recherche et la production robotiques. Cela nécessite notamment de prendre diverses précautions, et ce dès la conception des recherches, pour s'interroger sur les conséquences des choix des divers acteurs engagés, tout en appelant à avoir une démarche responsable.

La charte éthique de l'IERHR découle de nos travaux de recherche évoqués précédemment. Cette charte éthique, disponible en intégralité sur le site de l'IERHR, comporte cinq points principaux :

1. Le respect de la liberté de chacun : en imposant que l'accord sur les conditions d'utilisation d'un robot soit signé par l'usager lui-même, et pas par un tiers, en particulier dans les institutions soignantes ; en faisant en sorte que chacun puisse déplacer et ranger son robot selon sa volonté ; qu'un dispositif visuel rappelle à quel moment chaque machine collecte et transmet les données personnelles de son utilisateur ; et que celui-ci ait facilement accès à l'interrupteur permettant de le déconnecter ;

2. La transparence des algorithmes : en exigeant que l'utilisateur soit informé des objectifs des programmes qui commandent l'intelligence artificielle (IA) ou le robot auquel il a affaire, et de l'utilisation de ses données personnelles ;

3. L'autonomie de l'usager : en encourageant le développement de programmes qui invitent les usagers à entrer en contact entre eux et favorisent la socialisation, et en s'opposant aux programmes susceptibles d'encourager l'isolement social et la « robot-dépendance » ;
4. La dignité : en préconisant qu'une IA se présente comme telle quand on interagit avec elle et en interdisant les publicités qui prétendent vendre des robots « ayant des émotions » ; en demandant qu'une partie de l'intérieur des robots soit toujours visible pour rappeler leur caractère de machine ; et en veillant à ce que chaque protocole de soin donne lieu à une réflexion sur la pertinence du choix du robot pour le service attendu ;
5. L'égalité de tous dans l'accès aux technologies innovantes : en fournissant une couverture de santé qui fasse bénéficier l'ensemble de la population de soins de qualité, et en veillant à ce que les données recueillies sur chacun par les objets connectés n'aboutissent pas à l'élaboration de contrats « à la carte » en fonction des risques encourus.

Notre réflexion pluridisciplinaire sur les enjeux psychologiques, sociaux et éthiques, corollaires au développement de la robotique interactive, s'engage à relativiser et prendre du recul sur la tendance à l'anthropomorphisation des robots, sur leurs usages actuels et à venir, ainsi que sur la superpuissance attribuée à leur intelligence et leur infaillibilité.

Bien comprendre pour mieux s'en protéger

Bien entendu, les robots soulèvent des interrogations sociétales, légales et éthiques, induites notamment par le stockage et l'exploitation algorithmique potentielle de données personnelles collectées au sein de la sphère privée (Nevejans, 2017). Il est nécessaire de s'interroger sur la traçabilité numérique des données issues des interactions entre les différents membres de la famille et le robot, ainsi que des interactions intrafamiliales auscultées, voire médiatisées par le robot et, *in fine*, son fournisseur (Tisseron, 2015). Ces questions montrent bien que les robots brouillent les frontières entre l'humain et la technologie, en soulevant des interrogations fondamentales quant à la responsabilité, à la capacité d'action et au statut moral des robots (Gelin & Guilhem, 2016). La robotique de service et surtout la robotique sociale adaptée pour la santé s'accompagneront d'une multiplicité d'usages qui pourront mettre en question les normes juridiques (Nevejans, 2017) et provoquer des questionnements moraux ou éthiques (Devillers, 2017).

Mais parallèlement, l'évolution technologique actuelle contient de formidables opportunités, notamment en termes de santé et d'éducation. À condition que nous sachions garder à l'humain sa spécificité. Comme le souligne fort pertinemment S. Tisseron (2018, ligne 33-37, https ://www.ierhr.org/manifeste-de-la-cyber-psychologie/) :

> *« Il n'y a pas d'homme-machines, il n'y a pas non plus de machines-hommes : il n'y a que des machines et des hommes, pris dans des interactions de plus en plus riches et complexes à travers lesquelles les unes et les autres ne cessent de se transformer mutuellement : il est urgent de créer une discipline capable d'étudier les bouleversements qui en résultent. »*

L'évolution technologique trouvera naturellement sa place dans l'étude des interactions homme-robot initiée par Norbert Wiener, tout en maintenant le focus sur le développement de robots humanisants, comme l'a souligné précédemment (Tisseron, 2018).

Communication, compréhension, éducation, formation, information et pédagogie sont les maîtres mots de cette éthique de la robotique, et notamment de la robotique sociale (Devillers, 2017) : il faut définir tous ensemble sa fonction, et savoir l'utiliser pour bien vivre cette prochaine « coévolution humain-robot » (Tisseron, 2015).

Bibliographie

Baddoura R. (2017). Le robot social médiateur : un outil thérapeutique prometteur encore à explorer. *Le journal des Psychologues*, n° 350, 33-37.

Baddoura R., Venture G., Gibert G. (2015). Perspectives thérapeutiques : Le robot humanoïde comme médiateur. *Adolescence, Thérapie @*, 2015/3, Tome 33(3).

Baddoura R., Venture G. (2014), Human motion characteristics in relation to feeling familiar or frightened during an unannounced interaction with a proactive humanoid, *Frontiers in Neurorobotics*, Vol. 8 (12), 25-30, 10.3389/fnbot.2014.00012

Breton P. (1994). *À l'image de l'homme : du Golem aux créatures virtuelles*. Paris : Seuil, coll. « Science ouverte ».

Carrion-Martinaud M-L. & Bobillier-Chaumon M-É. Présence de robots dans les EHPAD. Mieux vivre la séparation familiale. *Dialogue*, vol. 217, n°. 3, 45-56.

CERNA (2014). *Rapport sur l'éthique de la recherche en robotique*.

Chaltiel T. (2018). Un robot en institution soignante : un outil thérapeutique prometteur. in Tisseron S. et Tordo F. (dir), *Robots, de nouveaux partenaires de soins psychiques* (p.59-67). Paris : Éditions Ères.

Clément M-N. & Duris O. (2018). Le robot NAO comme support relationnel et de dynamique groupale auprès d'enfants porteurs de troubles du spectre autistique. in Tisseron S. et Tordo F. (dir), *Robots, de nouveaux partenaires de soins psychiques* (p.67-76). Paris : Éditions Ères.

Devillers L. (2017). *Des robots et des hommes, mythes, fantasmes et réalité*. Paris : Éditions Plon.

Dolbeau-Bandin C. (2018). Thérapie assistée par robot en unité hospitalière : l'exemple de PARO®. in Tisseron S. et Tordo F. (dir), *Robots, de nouveaux partenaires de soins psychiques* (p.131-145). Paris : Éditions Ères.

Dolbeau-Bandin C. (2017). Mon robot ne m'aimera jamais!. En ligne : https ://www.mesdatasetmoi-observatoire.fr/article/mon-robot-ne-m-aimera-jamais.

Duris, O. (2017). Du jeu au jeu vidéo. Sur l'intérêt des univers vidéo ludiques dans la clinique de la psychose infantile. Revue de l'enfance et de l'adolescence, 95(1), 85-98.

Gelin R. & Guilhem O. (2016). *Le robot est-il l'avenir de l'homme ?*. Paris : La Documentation Française.

IERHR (2017). Notre charte éthique 2017 : l'IERHR s'engage. En ligne : https ://www.ierhr.org/charte-ethique/

Nevejans N. (2017). Traité de droit et d'éthique de *la robotique civile*. Paris : LEH Édition, coll. « Science, éthique et société ».

Rigaud A-S. et *ali* (2018). Les robots sociaux : quel impact et quels enjeux dans la maladie d'Alzheimer. in Tisseron S. et Tordo F. (dir), *Robots, de nouveaux partenaires de soins psychiques* (p.147-156). Paris : Éditions Ères.

Tisseron S. (2018). Manifeste de la cyberpsychologie. En ligne : https ://www.ierhr.org/manifeste-de-la-cyber-psychologie/

Tisseron S. (2018). *Petit traité de cyber-psychologie, pour ne pas prendre les robots pour des messies et l'IA pour une lanterne*. Paris : éditions Essai Le Pommier.

Tisseron S. & Tordo F. (2018). *Robots, de nouveaux partenaires de soins psychiques.* Paris : éditions Eres.

Tisseron S. (2015), *Le jour où mon robot m'aimera, Vers l'empathie artificielle*. Paris : Éditions Michel Albin.

Tisseron S. (2015) De l'animal numérique au robot de compagnie quel avenir pour l'intersubjectivité ?. *Revue française de psychanalyse,* vol. 75 n° 1, 149-59.

Tordo F. (2018). Robothérapie. Synthèse des fonctions Thérapeutiques de la médiation robotique. in Tisseron S. et Tordo F. (dir), *Robots, de nouveaux partenaires de soins psychiques* (p.77-87). Paris : Éditions Ères.

Tordo F. (2017). La médiation robotique en thérapie analytique. *Le Journal des psychologues*, n° 350, 2017, 28.

UNESCO (2017). *Rapport de la COMEST sur l'éthique de la robotique.*

DEUXIÈME PARTIE
ANALYSE D'APPLICATIONS DANS LES DOMAINES DE L'ÉDUCATION ET DE L'AGRICULTURE

QUAND LE BIG DATA ET L'INTELLIGENCE ARTIFICIELLE BOULEVERSENT LA DIMENSION HUMAINE DE LA PRATIQUE MÉDICALE

Relwende Aristide YAMEOGO

Université Le Havre Normandie, Service de médecine du Centre Hospitalier Régional de Koudougou (Burkina Faso).

Résumé

Selon le paradigme de l'homme-trace (Ichnos-Anthropos), l'interprétation des « signes-traces » du corps devrait être faite en tenant compte de l'environnement et des interactions complexes et multiformes qui régissent la vie des acteurs de cette émergence interprétative. Cette approche présente un intérêt spécifique en matière de santé dans la mesure où : a) « l'objet » de la médecine est un humain dont le « corps-trace » évolue en permanence en fonction des contextes qui eux-mêmes fluctuent, b) le médecin qui effectue l'analyse s'inscrit lui aussi dans ce co-changement dynamique, c) le tri des « signes-traces » du corps qui seront ensuite captés par des machines, mis en mémoire sur des supports numériques puis les processus algorithmiques (agrégation de valeur, calcul de moyenne, etc.) font perdre beaucoup de caractéristiques propres à l'individu. Ce sont donc des traces numériques biaisées qui circulent. Comment dès lors faire confiance à un médecin qui se fie à des données obtenues grâce à l'intelligence artificielle ?

« *Depuis un demi-siècle, l'enjeu de la collecte et de la production des traces, d'abord plutôt inaperçu , n'a fait que se révéler de manière de plus en plus pressante. Ce qui a porté la vie des traces dans la vie sociale au premier plan des préoccupations ces dernières années, c'est le caractère patent des effets de savoir et de pouvoir liés à leur traitement. Si bien que l'idée se répand que nous vivons désormais dans une société des traces* » (Jeanneret, 2019: 1). Il est d'autant plus difficile d'y échapper que la communication numérique à distance s'impose à toutes les professions, même celles qui voudraient s'en dérober. Ainsi, la pratique médicale traditionnellement basée sur une relation de proximité entre le médecin et son patient a-t-elle été bouleversée par l'utilisation du *big data* et de l'intelligence artificielle (IA) dans le domaine de la santé. Les médecins ont été astreints à détourner le temps de la consultation destiné à l'échange et à l'examen clinique pour inscrire des données sur des ordinateurs dont ils maîtrisaient mal les procédures. Beaucoup se sont interrogés sur le possible détournement des traces numériques ainsi engendrées et sur l'évolution de leur déontologie professionnelle basée sur le secret médical. Des publications académiques démontrant que cet usage permettrait de réduire les dépenses de santé et d'améliorer la qualité de la prise en charge des patients (Manyika et al., 2011) confortaient les décisions de gouvernements - dont celui de la France - doublement contraints par la rareté des ressources financières et la recherche de l'efficience et de qualité[7,8].

L'exploitation informatisée des données de santé pose des problèmes de confidentialité, car l'impact social de leur utilisation peut être considérable pour les individus. Nous nous sommes interrogé : la médecine embarquée dans la société du tout numérique ne produit-elle pas une méfiance envers le médecin ? Que devient la confiance du patient (Martin & Quiviger, 2007) ? Quels bouleversements l'utilisation du *big data* et de l'intelligence artificielle a-t-elle sur la pratique médicale ?

Méthodes et cadre théorique

Notion de trace

Placer notre questionnement sous l'angle de la trace ne pose aucun problème de principe dans le contexte professionnel qui

[7] Loi n° 2016-41 du 26 janvier 2016 de modernisation de notre système de santé

[8] Loi n° 2016-1321 du 7 octobre 2016 pour une République numérique

est le nôtre, où la question principale est de savoir de quoi le symptôme est-il la trace ; « *la trace relèverait d'une terminologie générale qui évoquerait la conséquence, le résultat d'un processus qui relie le présent au passé. En ce sens, tout le réel est trace (conséquence) d'autre chose. La trace serait donc partout et en tous lieux. Elle constituerait toute la réalité* » (Galinon-Mélénec, 2020).

En premier lieu, nous avons cherché à rapprocher les définitions de la trace numérique. En informatique, la trace numérique est « *constituée à partir d'empreintes numériques laissées volontairement (ou non ?) dans l'environnement*[9] *informatique à l'occasion de processus informatique* » (Mille, 2013: 8). En sciences de l'information et de la communication (SIC), « *Si nous reprenons l'équivalence trace = conséquence, nous pourrions proposer comme première définition que les traces numériques (dites digital traces en anglais) désignent toutes les conséquences numériques des activités interagissant avec - ou dans - des environnements numériques* » (Galinon-Mélénec, 2020: 56).

Alors que pour l'informaticien, ce qui compte d'abord c'est la notion d'inscription assimilée à une empreinte, pour Galinon-Mélénec, « *l'empreinte est une catégorie de signes-traces (conséquences-traces d'un événement) dont la forme et/ou la matière semble inscrite dans la matière de façon durable (la notion de durabilité étant relative au contexte)* » (Galinon-Mélénec 2020 : 38).

Le dénominateur commun entre les deux définitions de la trace (Galinon-Mélénec, 2020; Mille, 2013) est l'empreinte dont la caractéristique est le caractère durable de l'empreinte. Ce point nous a paru particulièrement intéressant dans le contexte de l'utilisation des Big Data en matière de santé, car la durabilité des informations numérisées relatives aux maladies peut devenir une *épée de Damoclès* pour chaque patient.

« La notion de « trace numérique », dont l'usage apparaît de plus en plus fréquemment dans le langage ordinaire, est utilisée comme si sa signification allait de soi. Or, ce type de trace, comme tout autre trace, demande à être analysé » (Galinon-Mélénec, 2020: 56). Sur la

---

[9] Le terme « *environnement* » se réfère à la fois « *à l'espace, aux humains et aux processus interagissant dans le monde informatique* » (Mille, 2013: 9).

question de l'interprétation des traces Béatrice Galinon-Mélénec dit : *« toute trace est polysémique et est interprétée différemment selon les contextes et les enjeux qu'elle représenté dans les systèmes (politiques, économiques, médiatiques, symboliques, etc.) où elle s'insère »* (Galinon-Mélénec, 2011: 26).

Pour sortir de cette polysémie, il est utile de préciser que les chercheurs auxquels nous nous référons :

- considèrent que les traces de l'interaction entre l'utilisateur informatique et l'environnement s'insèrent dès la collecte et le stockage des données dans l'empreinte matérielle existant dans les mémoires des ordinateurs ;
- prennent en compte a) l'expérience, support premier de construction de la connaissance individuelle (Galinon-Melenec & Zlitni, 2013; Mille, 2006, 2013) ; b) une formalisation structurée de l'expérience sans laquelle les données ne peuvent devenir sources de production de connaissances numérisées (Leleu-Merviel et al., 2018; Mille, 2006, 2013) et c) la prise en compte de la façon dont l'activité et les interactions de l'utilisateur dans l'environnement témoignent de cette expérience (Cordier et al., 2013; Galinon-Mélénec, 2020; Mille, 2006).

Homme-trace et signes-traces

Notre pratique médicale est nourrie par une culture traditionnelle qui place la relation humaine dans toute sa complexité au cœur de la consultation. Nous avons trouvé ce mode de pensée à travers le paradigme de l'Homme-Trace (Galinon-Mélénec, 2011). *« L'appellation « Homme-trace » renvoie à une approche de la condition humaine en tant qu'individu vivant dans un ensemble d'interactions multi-échelles qui font de lui non seulement un producteur de traces (ses actions produisent des conséquences/traces sur le milieu/l'environnement), mais aussi un construit de traces. Il n'a pas de corps. Il « est » son corps - entendu comme un corps non coupé de l'esprit. Ce corps - nommé « corps-trace » - intègre les « conséquences-traces » de ses interactions avec le milieu*[10], *ces interactions fonctionnant en boucles de rétroactions qui se combinent entre elles »* (Galinon-Mélénec, 2020: 25).

En reprenant à notre compte ce paradigme, nous énonçons que les signes (au sens commun), interprétés comme des *signes-traces*[11] (Galinon-Mélénec, 2017) d'une maladie diagnostiquée par le médecin ne relèvent pas seulement de l'approche clinique en cabinet médical ou des examens complémentaires réalisés à un instant "i". La découverte de la *conséquence-trace* est en fait une *trace anthropocentrée* via l'interprétation du médecin, car le réel ne parle pas : c'est l'humain *(médecin)* qui le fait *« parler »*. La terminologie *signe-trace* dans le cadre de la relation médecin-patient évoque deux faces de la trace : l'une tournée vers l'histoire (le passé du patient, l'expérience et la culture du médecin), l'autre qui, tournée vers l'interaction de ces traces incorporées, fait advenir le *signe-signal* qui permet au médecin d'assimiler les symptômes (signes-traces) à une maladie répertoriée.

Enquête de terrain

Une enquête a été menée auprès des médecins praticiens en milieu hospitalier et libéral de la ville du Havre durant la période d'octobre 2018 à mars 2019. Des entretiens semi-directifs compréhensifs ont été aussi réalisés afin d'analyser

---

[10] Des traces de son milieu sont présentes en lui à travers son langage, sa culture, sa manière d'aborder le réel. Des traces de l'histoire de son espèce également (l'organisation génétique et du système de reproduction de son espèce sont en lui).

[11] La découverte de ce que l'on nomme trace est le résultat de la rencontre entre la trace ontologique (la matière) et la trace incorporée (inscrite dans le corps) du vécu de l'interprétant. Cette rencontre de traces fait émerger ce qu'il nomme « le signe » (le réel interprété) (Galinon-Mélénec, 2011)

l'impact de l'utilisation du *big data* et de l'intelligence artificielle dans le cadre de leurs pratiques médicales. L'échantillon considéré comprenait 21 médecins : 5 femmes et 16 hommes, d'une moyenne d'âge de 52 ans (de 33 à 72 ans). Leur nombre moyen d'années de pratique médicale était de 22 ans (de 1 à 42 ans). 7 médecins pratiquaient en cabinet individuel, 12 en cabinet de groupe et 2 en milieu hospitalier. Nous avons ensuite mis en rapport ces entretiens avec le paradigme de l'Homme-trace qui constituait à nos yeux une passerelle interdisciplinaire appropriée à notre contexte.

Trace et pratique médicale

Le diagnostic médical est fondé sur un raisonnement analogique et déductif à partir d'un ensemble de symptômes pour déterminer la cause d'une affection du corps ou de l'esprit[12]. Nous les avons reliés ici aux recherches en SIC et les avons nommés *signes-traces* en prenant en compte le contexte de l'anthropo-sémiotique développé par Galinon-Mélénec. Dans le cadre de la pratique médicale, ils interviennent lors de deux processus (l'interrogatoire ou l'anamnèse et l'examen clinique) que nous illustrons en citant (en italiques) des extraits des réponses de médecins enquêtés.

Interrogatoire ou anamnèse

L'interrogatoire porte sur les antécédents personnels et familiaux[13] du patient, son mode de vie et son entourage. Elle porte également sur la description des symptômes ressentis par

[12]La distinction entre corps et esprit relève ici de l'approche de la médecine qui cloisonne corps et esprit.

[13]La prise en compte des antécédents familiaux dans le processus de diagnostic témoigne de la transmission intergénérationnelle des signes-traces (Thomas-Vaslin, 2017).

le patient avec leur évolution dans le temps que le médecin devra interpréter. Durant cette phase de remémoration du patient, le médecin doit traduire les récits du patient en termes médicaux, les interpréter ensuite de manière à construire un scénario probabiliste (Galinon-Mélénec, 2020) guidant son examen clinique vers la recherche d'indice (Galinon-Mélénec, 2020; Ginzburg, 1980) évoquant ce scénario. Dans cet examen, le médecin est totalement investi : il utilise tous ses sens pour mieux rechercher tous les *signes-traces* pouvant être liés à la description des symptômes du malade. Sa perspicacité est elle-même le *signe-trace* de son savoir et de son expérience. Ainsi, certains commencent leur enquête dès la salle d'attente du médecin à la recherche de certaines positions ou attitudes du patient, autres *signes-traces* pouvant orienter ou faire suspecter le diagnostic.

Examen clinique

L'examen clinique est l'occasion pour le médecin de rechercher des *signes-traces* de la maladie sur le corps du malade. Ainsi :

- l'absence de *signe-trace* de la maladie crainte par le patient est très importante, car elle permet d'éliminer ou retenir systématiquement certains diagnostics. Cependant, on peut constater l'absence de traces visibles pouvant être le *signe-trace* d'autres phénomènes, il convient aussi de s'interroger sur cette invisibilité ;
- les *signes-traces* trouvés, mais non évoqués par le patient : les *signes-traces* retrouvés à l'examen physique peuvent amener le médecin à reprendre l'anamnèse pour s'assurer que le patient n'a pas oublié de donner certains détails. Il s'agit d'un perpétuel mouvement de va-et-vient dans la singularité et l'individualité du patient.

« Pendant que l'on examine le patient, on l'observe et on répond à ses questions et on fait la synthèse au même moment. Et parfois, il sort et il

te dit, j'ai du sang dans les selles et on repart pour un nouvel interrogatoire[14] »

Le patient est un être social et son milieu de vie est important à connaître, car rien n'est cloisonné.

Même si le médecin utilise la manifestation des « *signes-traces* » du « *corps-trace* » (Galinon-Mélénec, 2017) du patient, le vécu exprimé par le patient et la connaissance de son environnement sont essentiels dans le processus de soins. *« la relation médecin-patient est très importante et ne se limite pas au patient [...]. Le métier de médecin est un métier de relation et je ne suis pas sûr que trop de technologie soit bien. [..] Mettre la main sur le patient le soulage déjà, c'est ça la pratique médicale ; beaucoup d'interrogatoires, mais le toucher est aussi important. Si la médecine devient moins humaine, ce n'est plus une science humaine*[15] *».*

Ainsi, l'interprétation des symptômes et des résultats des examens complémentaires prend en compte les conditions de l'apparition des *signes-traces* pour aller ensuite vers l'hypothèse diagnostic après un processus d'interaction systémique dans le cadre du paradigme des *signes-traces (figure 1)*. Le médecin utilise à cet effet plusieurs types de *signes-traces* - seuls ou en combinaison - afin d'aboutir à un diagnostic correct à partir d'un raisonnement déductif très bien codifié via les connaissances acquises au cours de plusieurs années de formation et d'expériences dans la pratique de l'art médical *: « [...] les patients ne sont pas que des données cliniques ou la maladie ; ce sont des personnes avec leur fragilité, leur sensibilité et leur inquiétude. D'un patient à un autre, ce n'est pas reproductible ; ce qui va être important pour l'un ne l'est pas forcément pour l'autre. C'est là que le médecin à toute sa place dans l'échange. L'intelligence artificielle ne peut pas avoir la même empathie qu'une personne humaine qui va être impliquée dans l'histoire de la personne*[16] »

---

[14] Entretien 6

[15] Entretien 5

[16] Entretien 13

À l'issue de notre enquête - dont les résultats sont à peine évoqués ici - et du croisement de ses résultats avec l'analyse des *signes-traces* de Galinon-Mélénec appliquée à un scénario médical (Galinon-Mélénec, 2011), nous avons repéré des caractéristiques communes entre ce paradigme et le paradigme indiciaire de Ginzburg tel qu'il est présenté par Serres (Serres, 2012), ce qui nous a conduit à retenir :

- l'individualité de l'objet d'analyse avec une prise en compte de la singularité du patient dans le diagnostic de la maladie et le processus de soins ;
- le caractère indirect du déchiffrement du fait de l'absence d'une cause à effet direct dans le cadre de l'analyse des signes-traces retrouvés par le médecin ;
- le caractère conjectural qui désigne la marge irréductible de l'aléatoire, d'incertitude dans le déchiffrement des signes-traces.

Nous proposons ainsi à partir de cette analyse, la figure ci-dessous pour la description du processus d'analyse, d'interprétation des *signes-traces* dans le cadre de la pratique médicale.

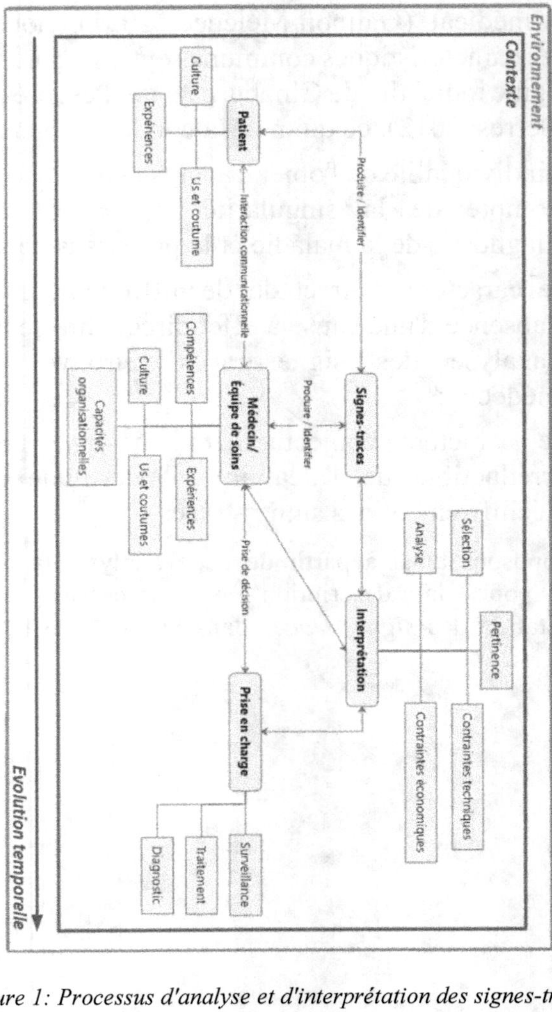

Figure 1: Processus d'analyse et d'interprétation des signes-traces

Enjeux de l'interprétation de la trace en pratique médicale

Selon Hippocrate, *« il est recommandé aux médecins d'observer l'homme dans son environnement pour lui venir en aide, lui porter les secours de la médecine, restaurer sa santé »* (Conseil National de l'Ordre des Médecins, 2018: 9). À cette fin, il doit être en mesure d'effectuer un diagnostic pertinent, adapté à la spécificité d'un patient ; ce qui induit non seulement la mise en place éventuelle d'un protocole associé à telle ou telle pathologie, mais aussi une compréhension de son contexte de vie.

Ainsi, deux approches de la médecine coexistent :

- une approche individuelle basée sur les données cliniques du patient, les dossiers médicaux du patient et son environnement (hérédité, prédispositions, facteurs de risque, coutumes, entourage) ;
- une approche de santé publique basée sur l'agrégation des données individuelles, l'approche systémique à partir des données épidémiologiques pour la surveillance et l'évaluation de l'émergence des pathologies avec une simulation des crises.

Ces deux approches fonctionnent en boucle et dépendent l'une de l'autre (figure 2).

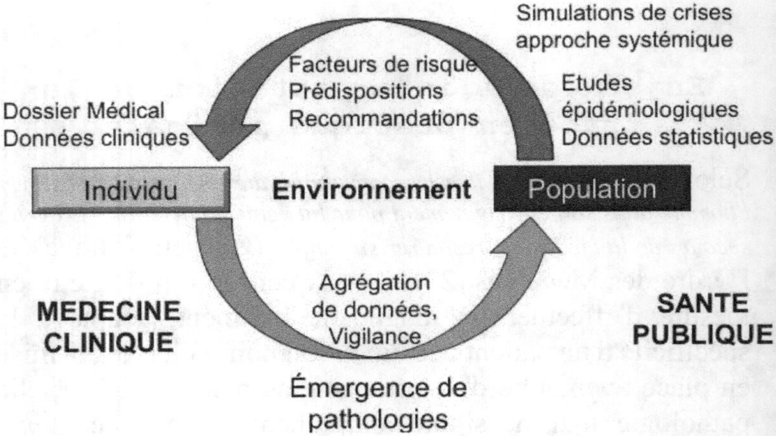

Figure 2: Approche de la médecine : médecine clinique et santé publique (Colloc, 2016)

Cette complémentarité s'est trouvée interrogée au moment de la crise sanitaire de 2020, la Covid-19 transmise par le contact d'individu à individu étant devenu un problème de santé publique. À l'interface, la question des traces numériques s'est posée avec d'autant plus d'acuité sur le respect des libertés individuelles et de la privacy que cela nous conduit à approfondir chacune des deux approches dans cette thèse. Nous synthétisons la façon dont nous avons abordé la question via la figure 3.

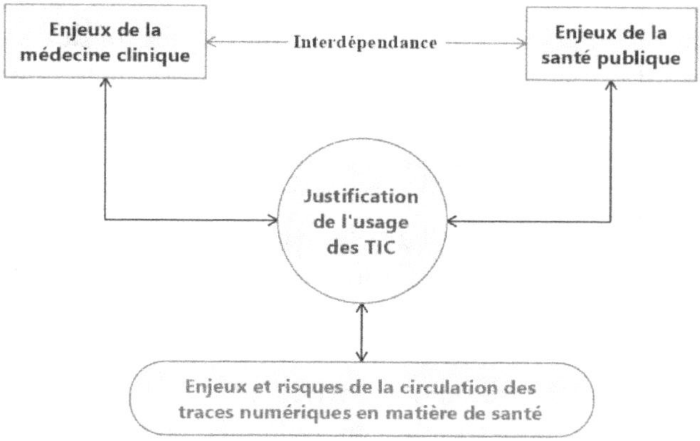

Figure 3: Enjeux et risques de la circulation des traces numériques en matière de santé

Avec le volume des données produites lors des différents examens, le médecin peut recourir aux systèmes d'aide à la décision médicale (SADM[17]) pour faire le tri des données et formuler des hypothèses diagnostiques. Mais, *« les statistiques et les algorithmes n'ont pas de sens moral ni de tact »* (Cardon, 2015). Cette limite de l'intérêt des algorithmes dans le cadre de la prise de décision médicale est également soulignée dans l'enquête : *« Les objets connectés et le big data peuvent nous aider dans la prise en charge des patients, mais ne peuvent pas remplacer les humains dans la décision finale. Par exemple, les électrocardiogrammes proposaient des interprétations lors des tracés, mais il y avait beaucoup d'aberrations, car ils ne pouvaient pas prendre en compte l'environnement*[18] *»*.

[17] Le but des SADM est de *« fournir aux cliniciens en temps et en lieux utiles les informations décrivant la situation clinique d'un patient ainsi que les connaissances appropriées à cette situation, correctement filtrées et présentées afin d'améliorer la qualité des soins et la santé des patients »* (Berner, 2009: 5).

[18] Entretien 2

Risque de la déliaison

La trace numérique est issue de l'interprétation des *signes-traces* du corps mis en mémoire sur des supports numériques. Selon le paradigme de l'*Homme-trace*, cette interprétation devrait être faite en tenant compte de l'environnement et des interactions complexes et multiformes qui régissent la vie des acteurs de cette émergence interprétative. Or, la prise en compte de cette complexité reste difficile, voire impossible pour les modèles mathématiques et probabilistes à l'origine des algorithmes. En effet, d'une part, le corps est un exemple de système complexe dont toutes les interactions ne sont encore *ni « scriptables*[19] *»* ni, pour celles qui le seraient, inscrites sur des supports numériques. D'autre part, le mode d'interprétation de la trace numérique (agrégation de valeur, calcul de moyenne) fait perdre leurs caractéristiques propres (l'individualité de l'objet, le caractère indirect du déchiffrement et le caractère conjectural) et incite à penser l'humain comme un objet, une chose. Or, dans la mesure où *« l'objet »* de la médecine est l'humain, elle ne constitue pas une science comme une autre : c'est aussi un art, au sens où la finesse d'un diagnostic relève aussi de l'indicible, de la sensibilité sensorielle et émotionnelle.

En plus, dans un environnement médical, les déliaisons - expérience, *capta*, *data*, calculs moyennés, interprétations successives (par l'humain et par la machine) - non maîtrisées conduisent à des risques interprétatifs. *« Cette interprétation doit être faite par des professionnelles de santé, avec des techniques*

[19] L'écriture qu'elle soit digitale ou non, est un système de notation attaché à l'activité humaine. De ce fait, il existe des traces écrites et des traces non écrites (Derrida, 1979). Toutes les traces n'étant pas écrites, l'interprétation des données de santé à partir des traces écrites du médecin est parcellaire et ne permet pas dans ce cas une prise de décision dans le cas de l'individu d'autant plus que le médecin n'est pas tenu de noter toutes les informations dans le dossier médical du patient

éprouvées et validées et non par des data scientistes qui ne comprennent pas le processus de soins et des entreprises à but lucratifs[20] ». En effet, il n'est pas évident de décrire le processus de raisonnement médical ayant abouti au diagnostic. Par conséquent, une inférence du diagnostic à partir des symptômes et résultats notés sur la mémoire de l'ordinateur est source d'erreur. Nous voyons donc ici la limite d'une sémiologie médicale où le signe[21], considéré *ceteris paribus* coupé de la dynamique systémique des *signe s-trace s*, est pris comme capta, transformé en data et fait ensuite l'objet de regroupements en vue de produire les « signes cliniques » d'une maladie ; *« nous évoluons vers une impersonnalisation de la pratique médicale*[22] *»*.

Quand des données de santé sont fournies dans le cadre d'une maladie, elles correspondent à un état de crise de l'organisme et sont donc très différentes de celles produites avant la maladie. La non prise en compte de cette variation du contexte dans la captation des données aboutit à leur mauvaise utilisation dans le cadre de la production des informations et des connaissances. Les décisions qui sont prises à partir de résultats ainsi biaisés sont susceptibles d'entraîner des conséquences néfastes pour les individus et la société. En plus, la maladie n'est pas un fait universel, mais représente un problème clinique particulier par un individu à un temps donné (Lemoine, 2017) ; elle est socialement construite avant qu'elle ne soit une maladie[23] en tant que telle dans le domaine médical. Les maladies doivent être adaptées à la société, il s'agit là d'une des principales limites de l'intelligence et du *big data*. *« L'informatisation de la santé a*

---

[20] Entretien 19

[21] *« Le signe est la partie visible de la trace. Tout signe est signe-trace, toute trace n'est pas signe »* (Galinon-Mélénec, 2011).

[22] Entretien 3

[23] *« Est « malade », pour le médecin, celui qui doit être traité, pour l'assureur, celui qu'il doit rembourser, pour la société, celui à qui on doit indulgence et secours, et pour les malades eux-mêmes, celui qui est entravé dans son action habituelle et ne peut faire ce qu'il veut ou doit faire »* (Lemoine, 2017: 41).

entraîné une mise au second plan du patient et de la relation médecin-patient. Avec la tendance à la normalisation des pratiques, on met le médecin dans carcan avec des définitions universelles de la maladie alors que l'être humain est plus complexe[24] *».*

Risque de la déshumanisation

Le début de la maladie constitue une nouvelle vie avec des nouvelles normes pour le malade. Même s'il est complètement guéri de cette maladie, il garde en lui les *signes-traces* et *conséquences-traces* de cette maladie. Une des craintes des médecins était d'aboutir à une déshumanisation voire une inhumanisation de la pratique médicale considérant

> *« l'homme comme une machine à réparer ; j'ai peur que la pratique de la médecine n'évolue dans les années à venir. Les gens vont être soignés à distance, cela me fait peur. Moi, je préfère prendre ma retraite avant que cela ne vienne. Dans ce type de procédé, il n'y a plus la relation médecin patient directe comme on le connaissait, on devient des petites machines que l'on répare*[25] *».*

Le secret médical est une tradition très ancienne dans la pratique médicale, quel que soit son statut. En effet, *« il n'y a pas de soins sans confidences, de confidences sans confiance, de confiance sans secret »* (Hoerni, 2000). Le médecin est responsable de la protection des informations qu'il aurait obtenues dans le cadre des soins. La protection de ce secret sera un grand enjeu dans le cadre de l'utilisation du big data et de l'intelligence artificielle d'autant plus que ces technologies font entrer d'autres acteurs dans le processus de soins. Il se pose également dans ce contexte, la responsabilité des différents acteurs qui n'est pas encore clairement établie. *« Il sera très difficile de conserver le secret médical. Quand vos données sont sur internet (serveur en ligne), elles ne sont plus protégées. Le cloud est aussi l'ordinateur de quelqu'un. Il va se poser des questions sur qui va traiter, manipuler ou stocker les*

---

[24] Entretien 3

[25] Ibid

données et surtout comment s'assurer que les contrats sont respectés[26] ».

L'utilisation du big data et de l'IA produit une aide à la pratique médicale en ce qu'elle fournit des rapprochements de données éparses. Cependant, la médiation technologique qui produit une relation humaine biaisée ne peut remplacer la complexité des échanges de *signes-traces* réalisés par des *corps-traces* situés dans une relation de face à face. Aussi, le mode de développement des outils technologiques, leurs processus d'intégration dans le soin et l'utilisation des données doivent-ils être questionnés afin de trouver un ajustement acceptable entre bénéfices et risques, suivant en cela une recherche d'équilibre très ancienne qui trouve son point de départ dans la pharmacopée qui est à la fois un soin et un poison ? Cette fin, le rapprochement des recherches en médecine, en informatique et en sciences de l'information et de la communication nous semble indispensable.

Bibliographie

Berner, E. S. (2009). Clinical Decision Support Systems : State of the Art. *Rockville, Maryland: Agency for Healthcare Research and Quality, 09-0069-EF.*, 26.

Cardon, D. (2015). *A quoi rêvent les algorithmes : Nos vies à l'heure des big data.* La République des idées : Seuil.

Colloc, J. (2016). L'éthique des systèmes d'information autonomes vers une pensée artificielle. *Les Cahiers du numérique*, *Vol. 12*(1), 187-212.

Conseil National de l'Ordre des Médecins. (2018). *Médecins et patients dans le monde des data, des algorithmes et de l'intelligence artificielle.* Citizen Press. https://www.conseil-national.medecin.fr/sites/default/files/cnomdata_algorithmes_ia.pdf

---

[26] Entretien 2

Cordier, A., Lefevre, M., Champin, P.-A., & Mille, A. (2013, juillet). Modéliser les traces d'interaction pour raisonner à partir de l'expérience tracée ? *IC - 24èmes Journées francophones d'Ingénierie des Connaissances*. https://hal.inria.fr/hal-01103671

Derrida, J. (1979). *L'écriture et la différence*. Seuil.

Galinon-Mélénec, B. (2011). *L'Homme trace. Perspectives anthropologiques des traces contemporaines*. CNRS Editions.

Galinon-Mélénec, B. (2017). *L'homme-trace : Des traces du corps au corps-trace*. CNRS Editions.

Galinon-Mélénec, B. (2020). *L'odyssée de la trace 1. Voyage au-delà des apparences* (Vol. 1). ISTE Éditions.

Galinon-Melenec, B., & Zlitni, S. (2013). *Traces numériques—De la production à l'interprétation*. CNRS Editions.

Ginzburg, C. (1980). Signes, traces, pistes. *Le Débat*, *6*, 3-44. https://doi.org/10.3917/deba.006.0003

Hoerni, B. (2000). *Éthique et déontologie médicale : Permanence et progrès*. Éditions Masson.

Jeanneret, Y. (2019). *La fabrique de la trace* (Vol. 2). ISTE Editions.

Leleu-Merviel, S., Schmitt, D., & Useille, P. (2018). *De l'UXD au LivXD*. ISTE Editions.

Lemoine, M. (2017). *Introduction à la philosophie des sciences médicales*. Hermann.

Manyika, J., Chui, M., Brown, B., Bughin, J., Dobbs, R., Roxburgh, C., & Byers, A. H. (2011). *Big data : The next frontier for innovation, competition, and productivity | McKinsey & Company* (p. 156). The McKinsey Global Institute. http://www.mckinsey.com/business-functions/digital-mckinsey/our-insights/big-data-the-next-frontier-for-innovation.

Martin, T., & Quiviger, P.-Y. (2007). *Action médicale et confiance*. Presses universitaires de Franche-Comté.

Mille, A. (2006). From case-based reasoning to traces-based reasoning. *Annual Reviews in Control*, *30*, 223-232.

Mille, A. (2013). De la trace à la connaissance à l'ère du Web. *Intellectica*, *59*(1), 7-28. https://doi.org/10.3406/intel.2013.1083

Serres, A. (2012). Problématiques de la trace à l'heure du numérique. *Sens-Dessous*, *10*, 84-94. https://doi.org/10.3917/sdes.010.0084

Thomas-Vaslin, V. (2017). Le rôle des traces dans le système immunitaire : Des anticorps au corps. In G.-M. B (Éd.), *L'Homme-trace : Des traces du corps au corps-trace* (Vol. 4, p. 255-294). CNRS édition. https://hal.archives-ouvertes.fr/hal-01565303

L'USAGE DES ROBOTS EN CLASSE, UNE EXPÉRIENCE SUISSE ET BELGE

Morgane CHEVALIER, Heidi GAUTSCHI

Haute École Pédagogique du canton de Vaud (HEP-VD, Suisse)

Résumé

Nous présentons ici le projet Thymio 360 qui visait l'introduction de robots en classe par des enseignant·e·s Belges et Suisses. Il s'agit de comprendre les pratiques enseignantes réelles ou potentielles dès lors qu'un robot est convoqué en classe avec leurs élèves ainsi que de relever leurs représentations à l'égard des robots et de leurs places dans l'enseignement. Un questionnaire et des focus groups ont permis de dégager des similitudes et des différences entre ces deux échantillons. Les résultats témoignent du besoin de formation des enseignant·e·s afin d'aligner l'usage des robots en classe et les apprentissages visés pour les élèves. Un accompagnement en formation semble nécessaire pour permettre aux enseignant·e·s de distinguer l'apprentissage de/par/avec la robotique.

Introduction

Depuis l'Antiquité, l'Homme n'a de cesse de questionner à la fois sa nature et son essence au point de chercher à construire tout ou partie d'un alter ego. Si les premiers automates visaient à animer la matière, des robots contemporains tels que le robot Poppy[27] ou encore Ergo Jr.[28] permettent de simuler, et ainsi de mieux comprendre les stratégies de marche et de préhension (Lapeyre, 2015). En outre, si les programmes d'intelligence artificielle AlphaGo ou AlphaZero (Silver *et al.*, 2017) laissent croire que

---

[27] <www.poppy-project.org>

[28] <www.poppy-project.org/fr/robots/poppy-ergo-jr>

l'Homme cherche à se dépasser au travers de ses artefacts, la quête universelle des chercheurs reste à l'évidence de mieux comprendre l'Homme et le monde qui l'entoure.

Cette quête est également portée par l'école. Nombreux sont les curricula qui formulent les compétences de « comprendre le monde qui nous entoure », que ce soit en sciences ou en géographie. Mais face à la rapide transformation numérique de notre époque, l'école doit pouvoir s'adapter. À titre d'exemple, le récent rapport de synthèse France IA (France IA, 22 mars 2017) invite d'une part à « *préparer les citoyens de demain à concevoir et interagir avec des IA* » et d'autre part à « *instaurer un enseignement "IA, traitement des données et sciences numériques" de l'école primaire au lycée* ». L'enjeu éducatif est donc ambitieux, mais potentiellement porteur d'une nouvelle fracture. En effet, dans le rapport de l'Académie des Sciences (mai 2013), les auteurs préviennent que « *la véritable fracture sera entre ceux qui possèderont les outils intellectuels pour comprendre ces transformations et ceux qui ne les possèderont pas* » (p.16/35). Aussi, cette fracture pourrait être non plus seulement digitale, mais aussi cognitive, comme la définit Alain Kiyindou (Kiyindou, 2007) dans l'assertion suivante : « *La fracture cognitive fait référence à la connaissance, car si l'ordinateur et les réseaux, dont l'Internet, permettent de chercher, de recueillir ou d'échanger de l'information, ils ne donnent pas la connaissance.* » (p.8/13).

L'école étant une institution qui porte dans ses missions la construction des connaissances par ses élèves, il paraît pertinent de s'enquérir des mises en œuvre effectuées en classe pour pallier cette potentielle fracture. Le recours à la robotique éducative se répand de plus en plus même si la thématique n'est certes pas récente et que diverses expérimentations pédagogiques ont été partagées (Janiszek *et al.*, 2011 ; Roy *et al.*, 2015 ; Chevalier, 2015) et ce depuis les années 70. En effet, la tortue Logo (Papert, 1981) et d'autres artefacts ont permis aux élèves de manipuler et d'agir sur le monde afin de mieux le comprendre (Chevalier et Rossetti, 2017). Dans ce contexte où s'accroissent les sciences numériques et l'usage de robots en classe, il nous apparaît pertinent d'enquêter sur les représentations des enseignant·e·s à ce sujet.

Cet article vise ainsi à partager un retour d'expérience de futurs enseignant·e·s Suisses et Belges qui ont fait l'usage de robots en classe auprès d'élèves de 5 à 12 ans. Ces enseignant·e·s ont suivi une formation de 6 heures à la robotique éducative dans le cadre de leurs cours d'intégration de TIC (Technologie de l'Information et de la Communication).

Que peut-on apprendre au moyen d'un robot ? À quel(s) niveau(x) de classe ? Avec quelles ressources ? Comment mettre en œuvre une situation d'enseignement-apprentissage ? Voici autant de questions que se posent les enseignant·e·s souhaitant introduire l'usage des robots en classe. Face à ces questions pragmatiques et pour répondre aux visées de formations ambitieuses, le projet pédagogique Thymio 360[29] a été conçu et mis en place pour définir les possibilités éducatives du robot open source Thymio II[30]. Les séances varient de la découverte du robot jusqu'à sa programmation en passant par le détournement du robot et des activités dites débranchées.

Outre les différences de pays et de cultures, les futurs·e·s enseignant·e·s Suisses et Belges interrogés·e·s dans cette étude ne professent pas avec les mêmes prescrits curriculaires : l'usage des robots est inscrit dans le programme scolaire suisse (canton de Vaud) pour soutenir des apprentissages en science informatique, alors qu'il ne l'est pas dans le programme scolaire belge au moment de l'enquête.

Cette différence n’est pas banale et permet ici de relever l'influence de la prescription dite « top down » ou descendante sur les pratiques rapportées des enseignant·e·s interrogé·e·s. En particulier, dans cet article, il s'agit de comprendre les pratiques enseignantes réelles ou potentielles dès lors qu'un robot est

---

29 <wiki.thymio.org/fr :thymio360>

30 <www.thymio.org/>

convoqué en classe avec leurs élèves ainsi que de relever leurs représentations à l'égard des robots et de leurs places dans l'enseignement. Que pensent les enseignant·e·s de l'usage de robots en classe ? Est-ce quelque chose qu'ils-elles subissent de la hiérarchie ? Y a-t-il une similarité dans les représentations entre celles et ceux qui reçoivent des prescriptions et celles et ceux qui n'en reçoivent pas ? Observe-t-on l'émergence d'une vision du robot éducatif qui irait au-delà des STEM[31] ?

Ainsi, après avoir posé le cadre de la robotique éducative dans une première partie, nous présentons, dans une deuxième partie, la méthode d'enquête (*focus group* et questionnaire) menée auprès des futur·e·s enseignant·e·s dans deux pays différents. Ensuite, dans une troisième partie, nous présenterons et discutons les résultats de cette enquête. Enfin dans la conclusion nous proposons des pistes d'accompagnement lors de la formation afin que les futur·e·s enseignant·e·s prennent conscience des apprentissages développés en fonction des usages qu'ils-elles font d'un robot.

Perspectives théoriques et ancrage de la robotique éducative

La robotique éducative n'est pas un champ nouveau, mais la démocratisation de ses outils la rend plus actuelle. Ceci est renforcé par le fait qu'au-delà de la nouveauté des produits, il y a un changement constant dans notre compréhension de ces objets techniques. La place du robot dans l'école évolue constamment parce que les enseignant·e·s continuent à reconsidérer leurs relations avec l'objet technique (Flichy, 2001, 2003 ; Perriault, 1989). De leur côté, ceux et celles qui inventent et conçoivent des robots éducatifs cherchent à perfectionner continuellement leurs produits, et ainsi, les offres sont toujours renouvelées. Les

[31] Acronyme de Science, Technology, Engineering, and Mathematics

usagers potentiels, ici les enseignant·e·s, quant à eux, essaient d'insérer les offres dans leur logique, dans leur imaginaire, dans le potentiel de la classe. Le premier camp offre des visions prophétiques dans une langue souvent mal comprise par le public visé. Les enseignants doivent essayer de trouver un usage et une place pour le robot. La négociation entre ces deux groupes implique l'usage instrumental et symbolique de l'objet (Perriault, 1989). Il y a une tension constante entre la vision des inventeurs et celle du profane. L'équilibre entre ces deux visions résulte d' un imaginaire partagé par les différents groupes. La robotique éducative, en l'occurrence, tend à porter cet équilibre. Et c'est bien le potentiel de l'objet robot au travers de ses usages qui nous intéresse ici. En effet, tout outil ou médium en soi ne garantissant pas l'apprentissage (Clark, 1983), il s'agit pour l'enseignant·e de se l'approprier et d'en définir les usages qui permettent aux élèves de réaliser effectivement les apprentissages visés. Ce n'est pas parce que les élèves utilisent un robot ou un ordinateur qu'ils apprennent pour autant des notions en robotique ou en science informatique : c'est là toute la dialectique outil-objet décrite par Régine Douady (Douady, 1987). L'usage défini du robot peut tout aussi bien permettre d'apprendre des notions liées à cet objet, mais il peut également viser à les dépasser en utilisant le robot comme « outil » (médiateur) d'apprentissages.

La question de la médiation des savoirs est donc ici soulevée, ce qui implique de se poser deux questions.

Premièrement, il est légitime de se demander : quels savoirs sont médiés par les robots ?

Les savoirs intrinsèquement liés au robot sont au carrefour de la science informatique, de la physique, de la mécanique, de l'optique, de l'électronique…, ce qui couvre un éventail large et conséquent de savoirs scientifiques. Mais cela ne représente qu'un côté du biface outil-objet décrit par Douady (1987) : outre l'objet de savoir en soi qu'est le robot, il peut aussi être considéré comme un outil au service d'autres objets de savoirs. Par exemple, il peut être utilisé telle une marionnette pour raconter une histoire et ainsi soutenir l'expression orale. d'ailleurs, Ilaria Gaudiello et Elisabetta Zibetti (2013) distinguent trois types d'applications pédagogiques des robots en classe : l'apprentissage **de** la robotique, l'apprentissage **par** la robotique, l'apprentissage **avec** la robotique. Les savoirs médiés par les robots seraient ainsi de 3 ordres : les savoirs intrinsèques aux robots, les savoirs véhiculés par les robots comme outils, les savoirs impulsés par l'usage/l'emploi des robots.

Deuxièmement, il est aussi légitime de se demander : comment cette médiation peut-elle s'opérer ? Selon Daniel Peraya (2010), la médiation est le fait de l'humain et ce dernier a « un rôle actif » dans la transformation ainsi opérée entre l'objet à médier et les récepteurs/destinataires. C'est dire tout le rôle des enseignant·e·s : d'une part, ils-elles identifient un objet de savoir à médier, et d'autre part, ils-elles agissent pour transformer la relation entre cet objet de savoir et leurs élèves. L'apprentissage médiatisé par des robots est ainsi un dispositif médiatique spécifique. Dans cet acte pédagogique, l'identification de l'objet de savoir peut résulter de deux sources : soit elle dépend de la connaissance de l'enseignant·e du potentiel de l'artefact robot et de ses schèmes d'utilisation, soit elle dépend de la prescription à enseigner que l'on retrouve dans les curricula ou programmes scolaires. Ces derniers ont une influence qui nécessite enquête pour relever comment cela impacte sur les représentations des enseignant·e·s quant à l'utilité des robots en classe et quant à leur acceptabilité par ces mêmes professionnels pour passer à l'acte et se les approprier.

Méthodes

Notre enquête porte sur 30 répondant·e·s dont 4 hommes et 26 femmes. Cette disparité correspondant à la féminisation de l'enseignement, nous ne traitons pas l'aspect genre dans cet article. Ces 30 répondant·e·s sont actuellement en formation pour devenir enseignant·e·s. Ils-elles interviennent en classe actuellement auprès d'élèves de 4 à 12 ans (Figure 1) pour moitié d'entre eux en Belgique (Francophone), et en Suisse (Francophone) pour l'autre moitié.

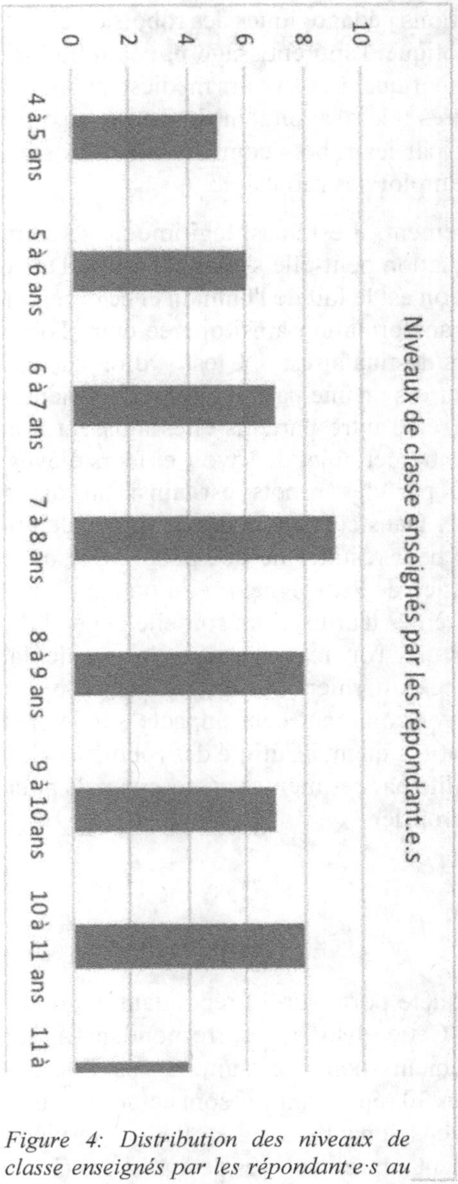

Figure 4: Distribution des niveaux de classe enseignés par les répondant·e·s au questionnaire

Cette population a suivi une formation de 6 heures à l'usage de robots en classe dans le cadre du cours d'intégration aux TIC (Technologie de l'Information et de la Communication). La seule différence notable entre ces 2 échantillons réside dans le fait que le Département de l'Éducation en Suisse (canton de Vaud) teste depuis la rentrée 2018 la mise en œuvre d'objectifs d'apprentissage en science informatique au premier cycle de la scolarité (4 à 8 ans). Un plan d'études pilotes (curriculum en science informatique) a donc été fourni aux participant·e·s Suisses.

Si, comme Patrice Flichy l'écrit (2003), nous ne pouvons ni concevoir ni utiliser une technique sans la représenter, alors l'analyse des représentations est un élément important dans l'étude d'une innovation. Aussi, pour comprendre les représentations et mises en œuvre - même potentielles - de ces futur·e·s enseignant·e·s, nous avons choisi l'enquête au moyen de *focus groups* lors des séances en présentiel et d'un questionnaire de 20 questions (ouvertes et fermées). Nous nous sommes ensuite attachées à relever l'utilité de la robotique éducative perçue par les participant·e·s ainsi que son acceptabilité afin de caractériser les représentations que s'en font les enseignant·e·s interrogé·e·s.

Résultats et Discussion

Quid de l'utilité ?

Questionnant les représentations quant à l'utilité de la robotique en classe, il semble qu'en majorité les participant·e·s tant Suisses que Belges soient favorables à une telle pratique (Figure 2).

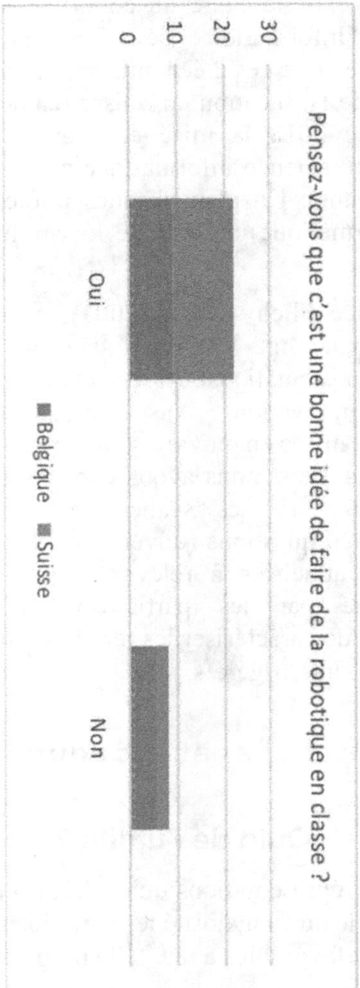

Figure 5: Parts des avis favorables ou non à la robotique en classe

Toutefois, il reste à savoir ce que chacun·e perçoit au travers de cette pratique. Dès lors, deux nouvelles questions se posent : si la majorité des répondant·e·s estime opportun de faire de la robotique en classe, l'ont-ils pour autant déjà expérimentée ? Quelle utilité de la robotique éducative perçoivent celles et ceux qui y sont favorables ?

À peine la moitié des répondant·e·s favorables à la robotique éducative (10 sur 22) l'a expérimentée en classe et, pour la totalité de ces cas, cela était prescrit par leurs institutions d'appartenance (école, classe de stage et/ou établissement de formation). De ce constat, nous pouvons déduire qu'une approche « top down » peut influencer. Pour ce qui est des 12 autres répondant·e·s favorables, mais n'ayant pas fait l'usage de robots en classe, ils ont tous découvert et expérimenté le robot Thymio dans le cadre de la formation suivie. d'ailleurs, la quasi-totalité des répondant·e·s (28 sur 30) s'accorde à dire que l'acquisition du matériel peut être un frein. Une personne a d'ailleurs indiqué qu'il peut être nécessaire de « prévoir un plan B si le numérique ne fonctionne pas ».

En revanche, s'ils affirment tous que la robotique éducative permet aux élèves de « mieux comprendre le monde qui les entoure », un tiers d'entre eux ne sait comment le justifier. Pour les deux autres tiers, ils estiment que « nous sommes entourés de robots », qu'« on est entouré de machines », « parce que les robots font partie du quotidien ». Au travers du robot, ces personnes semblent donc voir l'objet technique comme une fin en soi et non pas comme un objet médiateur d'apprentissages.

Aussi, concernant l'utilité perçue des robots qu'ils-elles ont découverts (et en particulier le robot de sol Thymio qui comporte des caractéristiques courantes), les réponses peuvent être réparties en 3 différentes destinations d'utilité que nous avons listées ci-après et représentées sous la forme d'un schéma (Figure 3) :

- L'usage de robots en classe pour permettre aux élèves de **comprendre le monde qui nous entoure**

(*« dégager les caractéristiques d'un·e machine/robot », « découvrir les fonctionnalités du Thymio », « comprendre qu'une machine/robot a toujours un humain derrière qui le programme », « programmer la machine ou le robot »*) et ainsi le robot est un objet d'étude en soi pour apprendre des notions en informatique, science, mathématique (*« développer leurs repères spatiaux », « Faire avancer le robot sur un quadrillage », « repérer des formes », « entraîner le vocabulaire technique », « travailler les maths, la géométrie »*) ;

- L'usage de robots en classe pour permettre aux élèves de **développer des compétences transversales** (*« comprendre la logique, l'anticipation », « collaboration et communication », « l'observation, l'expérimentation »*) ;
- L'usage de robots en classe pour **susciter la motivation et l'engagement des élèves en classe** (*« vivre les choses », « le robot serait un outil de correction », « en interagissant avec un robot l'élève est actif », « attiser la curiosité », « manipulation concrète »*).

- *Figure 6 - Intérêts pédagogiques du robot Thymio (crédits : Morgane Chevalier & Vincent Becker pour Mobsya)*

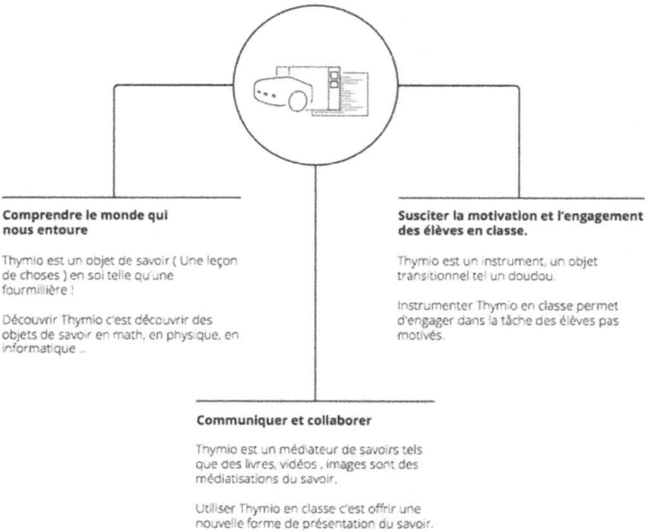

-

- Parmi ces 3 catégories d'usages, la différence entre les réponses belges et suisses réside dans la première catégorie. En effet, les futur·e·s enseignant·e·s Suisses ayant accès à un plan d'études précisant les objectifs d'apprentissage à viser aux cycles 1 et 2 (de 4 ans à 12 ans), ils ont rapporté un éventail plus large de connaissances pouvant être développées au moyen d'un robot. On peut donc constater que pour l'échantillon suisse il y a eu une réflexion en amont concernant l'usage du robot. Ceci a orienté les négociations avec les enseignant·e·s et orienté les représentations et la perception de l'utilité de la robotique éducative.

Quid de l'acceptabilité ?

Concernant l'acceptabilité des futur·e·s enseignant·e·s interrogé·e·s quant à l'usage de robots en classe, nous leur avons posé la question suivante : « Faire de la robotique éducative, qu'est-ce que cela vous demande/demanderait de penser, de prévoir, de faire… en tant qu'enseignant·e ? ». Là encore, nous retrouvons également une différence entre nos 2 échantillons : les futur·e·s enseignant·e·s Belges mettent en avant l'aspect de formation pour mettre l'outil robot à leurs mains (*« s'approprier l'outil », « savoir bien m'en servir », « comprendre le robot et sa manière de fonctionner », « maîtriser le robot »*). De leur côté, les futur·e·s enseignant·e·s Suisses ajoutent dans leurs réponses des références aux savoirs à enseigner (*« comprendre les concepts en jeu », « avoir bien compris certains concepts avant de les amener en classe », « comprendre comment fonctionne un algorithme pour la programmation », « avoir des objectifs clairs »*).

Aussi, cette différence semble témoigner que les deux publics sont à des moments différents dans l'adoption (l'apprivoisement) de l'objet. La formation qu'a suivie le public suisse a sans doute impacté sur la manière dont il a répondu à cette question. Néanmoins, deux représentations se dégagent quant à leur maîtrise de cet objet.

Enfin, pour cerner l'acceptabilité de nos échantillons face à l'usage de robots en classe, nous leur avons demandé : « Quand on vous dit “robot”, à quel(s) mot(s) pensez-vous ? ». Le nuage de mots suivant (Figure 4) rend visible un champ sémantique étendu laissant entrevoir des jugements ou opinions (« non communication », « déshumanisation », remplacement de l'Homme »). Les focus groups ont permis de mettre du sens sur ces mots. Certain·e·s futur·e·s enseignant·e·s ont exposé le fossé entre leurs valeurs et celles véhiculées selon eux par « un monde robotisé ». Suite à l'usage de robots en classe, une personne a répondu : « Cela m'a demandé de revoir mon opinion, je n'étais pas vraiment favorable au départ, car je trouve la société actuelle déjà bien déshumanisée parfois. »

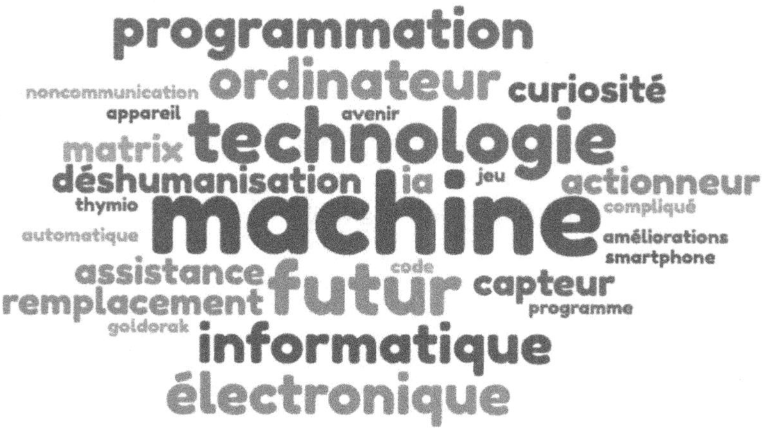

Figure 6: Nuages de mots en lien avec le mot "robot"

En outre, ce nuage de mots met en exergue le mot « machine », ce qui laisse à penser que les représentations des répondant·e·s quant aux robots se restreignent à leurs fonctionnalités. Même si la robotique éducative existe depuis longtemps, on reste ici au stade d'acceptation. L'appropriation de l'objet semble être à un niveau premier et on est loin de rendre l'objet invisible, voire pervasif, ce qui impliquerait davantage de créativité de la part des enseignant·e·s.

Quid de la fracture numérique : serait-elle davantage cognitive, voire formative ?

La fracture numérique est souvent mentionnée par les politiques depuis de nombreuses années et il reste toujours difficile pour les enseignant·e·s d'acquérir le matériel nécessaire (en l'occurrence des robots). En Suisse et en Belgique, des associations mettent à disposition de tels moyens pour que les enseignant·e·s puissent les emprunter et les utiliser en classe. En revanche, le « temps » manque parfois aux enseignant·e·s. Ce temps serait alors nécessaire à la fois pour se former, se familiariser avec les concepts et l'outil ainsi que pour mettre en place la robotique éducative dans sa classe (un temps de mise en pratique).

Dans nos résultats, nous relevons, sans grande surprise, que l'accès au matériel est un potentiel frein pour tout le monde (en Belgique et en Suisse). En revanche, nous souhaitons souligner une autre fracture davantage cognitive, voire formative. En effet, nous venons de le montrer, il ne suffit pas de donner du matériel aux futur·e·s enseignant·e·s pour qu'*in fine* les élèves puissent développer des apprentissages en science informatique ou robotique. En effet, ayant accès à un plan d'étude pour les cycles 1 et 2 (avec des apprentissages visés en science informatique tels que : « identifier et nommer les principaux composants de machines et systèmes informatiques ainsi que leurs fonctions ») l'échantillon suisse se questionne davantage sur les savoirs en jeu en science informatique. Derrière l'apprentissage de l'artefact robot (quelles sont ses caractéristiques ? comment fonctionne-t-il ?) l'échantillon suisse rapporte avoir besoin d'en connaître davantage sur les concepts en science informatique et en robotique. Il y a là un réel enjeu de formation si nous désirons réduire cette fracture. La formation aide ainsi les enseignant·e·s à donner du sens à la robotique éducative, de concrètement comprendre comment un robot peut être intégré dans la classe, et d'identifier les apprentissages à favoriser.

Ainsi la prescription du plan d'études semble permettre aux futur·e·s enseignant·e·s de « mettre la main à la pâte ». d'ailleurs, une enquête (Chevalier, Riedo, Mondada ; 2016) menée auprès d'enseignant·e·s Suisses, au sujet de leurs perceptions d'usage du robot Thymio, avait déjà permis de relever leur besoin de prescription des apprentissages à viser en science informatique et en robotique. Les questionnant sur l'utilité, l'utilisabilité et l'acceptabilité perçue du robot Thymio, la majorité estimait l'usage du robot utile aux apprentissages des élèves, mais celles et ceux qui ne l'avaient jamais testé estimaient que ce robot était peu utilisable a priori. Dès lors que le test était effectué, ils-elles estimaient que ce robot était aussi bien utilisable par eux que par leurs élèves. Néanmoins, comme le rappellent Tricot et al. (2003), les trois dimensions d'utilité-utilisabilité-acceptabilité forment un équilibre sensible : il ne suffit pas que le robot soit utile et utilisable pour qu'il soit réellement convoqué en classe par les enseignant·e·s. Dans notre étude de 2016, nous avions alors montré que la compatibilité avec le plan d'études (et donc la prescription d'usage via le curriculum) était un facteur favorable à l'acceptabilité. Or depuis cette étude, le canton de Vaud (en Suisse) a mis en place un projet pilote répondant à ce besoin de prescription : un plan d'études en science informatique est à l'essai, avec une part belle aux machines et donc à l'usage de robots éducatifs.

Dans la présente étude, nous observons et analysons donc que ni le manque de matériel ni le manque de prescriptions n'expliquent à eux seuls l'engagement des enseignant·e·s dans la robotique éducative. La formation est définitivement un levier majeur pour que les enseignant·e·s se lancent dans une telle pratique en classe avec leurs élèves. La formation semble donc être le garant d'une transformation de la vision des enseignant·e·s quant à l'usage de robots en classe. La question de la formation reste donc à poser.

Conclusion

Nous venons de le voir, l'acquisition de robots n'est pas l'unique frein à l'usage de ces outils en classe. L'absence de plan d'études est aussi un potentiel frein. Ce n'est pas le robot en soi qui permet aux élèves d'apprendre la robotique ou la science informatique, mais bien l'usage qu'on en fait. Il s'agit donc d'abord de réfléchir aux visées d'apprentissage pour les élèves pour ensuite planifier et mettre en œuvre une orchestration (Dillenbourg, 2013) adaptée. Or, les visées d'apprentissage sont à définir et à partager dans le milieu enseignant. En effet, dans notre enquête, nous avons relevé 3 types d'utilité perçue de la robotique éducative qui ne visent pas les mêmes apprentissages pour les élèves : entre « comprendre le monde qui nous entoure » et « engager les élèves dans une activité », les visées sont en effet différentes. Aussi, l'explicitation des savoirs à construire impacte la mise en œuvre de la robotique éducative par les enseignant·e·s dans leurs classes. Selon la recension de l'état de l'art par Ilaria Gaudiello et Elisabetta Zibetti (2013), on distingue trois types d'applications pédagogiques des robots en classe : l'apprentissage **de** la robotique, l'apprentissage **par** la robotique, l'apprentissage **avec** la robotique.

Pour accompagner les enseignant·e·s dans l'usage de robots en classe, nous proposons de leur faire prendre conscience de cette instrumentation du robot : est-il un objet de savoir en soi ou un outil/médiateur à la construction d'autres savoirs ? Est-il les deux à la fois ? Cette prise de conscience peut émerger lors des temps de formation consacrés au retour de pratique et à la posture réflexive, aboutissant à une nouvelle représentation de la robotique éducative négociée lors de la formation et avec les élèves par la suite. Par exemple, dans la ressource pédagogique Thymio 360, les usages proposés du robot Thymio permettent à la fois l'apprentissage **avec/de/par la robotique**. Il s'agira donc de relever ces différentes instrumentations et instrumentalisations.

Le prochain pas « formatif » à franchir pourra être que les enseignant·e·s commencent à développer leurs propres usages et les partagent. Une communauté de pratiques reste donc à construire. Si un tel espace émerge, ce sera une opportunité pour recenser les différents discours autour de la robotique éducative (qui dit quoi et pourquoi ?) et ainsi d'affiner notre relevé des représentations des enseignant·e·s sur le sujet.

Remerciements

Nous tenons à remercier Stéphanie Laurent, responsable du service informatique et chargée du cours "Utilisation des TIC en enseignement" en Bac 3 des futurs bacheliers Instituteur primaire et préscolaire, à la Haute École de Namur-Liège-Luxembourg (Hénallux).

Bibliographie

Académie des sciences (mai 2013). L'enseignement de l'informatique en France : Il est urgent de ne plus attendre. France.

Chevalier, M (2015, juin). *Usages pédagogiques de Thymio aux cycles 1 et 2.* Communication présentée au 1er Colloque Robotique et Éducation, INRIA Bordeaux (France).

Chevalier, M., Riedo, F., & Mondada, F. (juin 2016). Pedagogical Uses of Thymio II : How Do Teachers Perceive Educational Robots in Formal Education ? *Robotics & Automation Magazine (RAM)*, 23(2), 16-22.

Chevalier, M., Rossetti, P. (2017). Il ruolo del robot nell'educazione. *Pedagogika, Stripes edizioni*, 21(1), 19-24.

Clark, R. E. (1983). Reconsidering research on learning from media. *Review of educational research*, 53(4), 445-459.

Dillenbourg, P. (2013). Design for Classroom Orchestration. *Computers & Education*, 69, 485-492.

Douady, R. (1987). Un exemple d'ingénierie didactique où sont à l'œuvre jeux de cadres et dialectique outil-objet. *Publications mathématiques et informatique de Rennes*, *1987*(5), 1-17.

Flichy, P. (2003). *L'Innovation technique,* Paris : La Découverte.

Flichy, P. (2001). La place de l'imaginaire dans l'action technique., *Réseaux*, Vol. 109, 51-73.

Perriault, J. (1989). *La logique de l'usage.* Paris : Flammarion.

France IA (22 mars 2017). *France IA. Rapport de synthèse.* En ligne : https ://www.economie.gouv.fr/files/files/PDF/2017/Rapport_synthese_France_IA_.pdf

Gaudiello, I. et Zibetti, E. (2013). La robotique éducationnelle : état des lieux et perspectives. *Psychologie française*, 58(1), 15.

Janiszek, D., Pellier, D., Mauclair, J., Laetitia, B. H., Baron, G. L., & Parchemal, Y. (2011). Utilisation de la robotique pédagogique pour enseigner l'intelligence artificielle : une expérience d'approche par projet auprès d'étudiants en informatique. *Sciences et Technologies de l'Information et de la Communication pour l'Éducation et la Formation (STICEF)*, 18.

Kiyindou, A. (2007, mars). De la fracture numérique à la fracture cognitive : pour une nouvelle approche de la société de l'information. Thémat'IC 2007 « La maîtrise de l'information par les adultes : enjeux et méthodes », Strasbourg, 16 mars 2007. En ligne : http ://www.enssib.fr/bibliotheque-numerique/notice-1948

Lapeyre, M. (2015). *Poppy : plate-forme robotique open source, imprimée en 3D et totalement modulaire pour l'expérimentation scientifique, artistique et pédagogique.* (Thèse de doctorat, INRIA, Bordeaux).

Papert, S. (1981). *Jaillissement de l'esprit : ordinateurs et apprentissage*. Paris : Flammarion.

Peraya, D. (2010). Médiatisation et médiation. Des médias éducatifs aux ENT. In Liquète, V. (Ed.), *Médiations.* CNRS Éditions. doi :10.4000/books.editionscnrs.14730

Roy, D., Oudeyer, P.-Y., Magnenat, S., Gerber, G., Chevalier, M., & Mondada, F. (2015, mai). *IniRobot : a pedagogical kit to initiate children to concepts of robotics and computer science.*

Communication présentée à *Robotics in Education (RIE)*, Yverdon-Les-Bains (Suisse).

Silver, D., Schrittwieser, J., Simonyan, K., Antonoglou, I., Huang, A., Guez, A.,... & Chen, Y. (2017). Mastering the game of go without human knowledge. *Nature*, 550(7676), 354.

Tricot, A., Plégat-Soutjis, F., Camps, J.-F., Amiel, A., Lutz, G., & Morcillo, A. (2003). Utilité, utilisabilité, acceptabilité : interpréter les relations entre trois dimensions de l'évaluation des EIAH. In C. Desmoulins, P. Marquet & D. Bouhineau (Eds). *Environnements informatiques pour l'apprentissage humain*, 391-402. Paris : ATIEF / INRP.

LA ROBOTIQUE DANS LE SYSTÈME ÉDUCATIF BÉNINOIS : CAS DES COLLÈGES ET DES LYCÉES PUBLICS

Audace OLABA, Carole FAGADE, Cherole NGUEMBI-NGUEMBI DAMANN

Enseignant chercheur à l'INSG-Libreville/Gabon
Doctorantes au MICA, Bordeaux-Montaigne

Résumé

Notre communication se propose d'analyser, dans le cadre d'une initiative de formation des lycéens à la robotique au Bénin, les pratiques émergentes observées lors de l'utilisation des robots.
Nous avons mené une enquête auprès de 25 élèves formés à la robotique. Notre recherche met en évidence une perception du robot comme objet intelligent capable de comprendre, d'apprendre ou de s'adapter à leur environnement. Elle met en évidence également l'intérêt perçu par ces lycéens entre robotique, apprentissage des matières scientifiques au programme scolaire et résolution des problèmes du quotidien par l'émergence des pratiques propres à leur environnement.

Mots-clés : *Internet des Objets, plissement numérique, posthumanisme*

Cet article propose d'analyser la pratique de la robotique en milieu éducatif dans les pays en voie de développement. La science de la robotique étant en pleine croissance. Il s'agira d'expliquer à travers le cas d'un lycée du Bénin en Afrique de l'Ouest, comment les élèves ont manifesté de l'intérêt pour la robotique, l'introduction de cette technologie dans leur cursus et ensuite les pratiques émergentes observées à l'usage. L'accent est mis sur les avantages qu'offre la science de la robotique, notamment en termes de transfert de compétences, et sur les limites à dépasser pour relever le défi de leur intégration généralisée en milieu scolaire.

L'intégration de cette formation dans le milieu éducatif à travers de nouveaux programmes qui prennent environ quatre heures par semaine chez l'apprenant, témoigne de l'intérêt des acteurs de l'éducation pour ces nouveaux dispositifs d'apprentissage et des avantages qu'ils apporteraient au milieu scolaire.

Le déploiement de la robotique dans les pays en voie de développement reste une préoccupation majeure. Il y a actuellement trois défis principaux liés à ce déploiement : l'infrastructure, le financement de celle-ci et le manque de réglementation. Malgré ces contraintes structurelles et réglementaires, nous pouvons relever des initiatives soutenues par des organisations internationales qui œuvrent pour le développement de la robotique. En guise d'exemple, nous pouvons citer le projet intitulé *FemCoders* initié depuis 2015, soutenu par l'ambassade des États-Unis. Ce projet vise à promouvoir l'utilisation du numérique chez les femmes et à montrer le talent scientifique de jeunes élèves des établissements secondaires d'enseignement technique et professionnel à travers la participation au concours international *First Global Challenge*. Ce concours a lieu chaque année sous un thème relatif aux problèmes de société.

Grâce à ce projet, le Bénin a été classé premier sur le plan africain et septième sur le plan mondial suite à sa participation au concours pour l'édition 2017 qui avait pour thème :

l'approvisionnement en eau potable de façon durable. Il s'agissait de construire et de piloter des robots capables de :

- faciliter l'accès à l'eau potable,
- résoudre des crises d'eau potable,
- filtrer l'eau contaminée
- gérer de nouvelles sources d'eau.

Ce résultat est l'aboutissement d'une formation en robotique qui s'étale sur une période de deux mois et que des élèves en séries techniques et professionnelles, sélectionnés en deux étapes dans cinq lycées et collèges, ont suivie.

Dans le cadre du présent article, nous mobilisons le concept de la robotique afin d'interroger les pratiques émergentes liées à l'utilisation de cette technologie chez les lycéens.

Le mot *robotique* est dérivé de robot. Il a été utilisé en version imprimée pour la première fois par Isaac Asimov, écrivain américain né en Russie, dans son récit de science-fiction *Menteur !* publié en mai 1941 dans *Astounding Science-Fiction*. L'Association Française de Normalisation (A.F.N.O.R.) définit un robot comme étant un système mécanique de type manipulateur commandé en position, reprogrammable, polyvalent (i.e., à usages multiples), à plusieurs degrés de liberté, capable de manipuler des matériaux, des pièces, des outils et des dispositifs spécialisés, au cours de mouvements variables et programmés pour l'exécution d'une variété de tâches. La robotique est un domaine pluridisciplinaire qui implique de nombreuses sciences telles que la mécanique, la mécatronique, l'électronique, l'automatique, l'informatique ou l'intelligence artificielle.

Au regard de la définition qui précède, nous allons questionner notamment, la pertinence pédagogique du projet et l'utilité qu'on en fait en milieu scolaire.

Dès lors, pourquoi le robot suscite l'intérêt des lycéens ? Intérêt qui se manifeste par la curiosité, le questionnement et la participation aux activités proposées ? Qu'est-ce que cette technologie apporte comme valeur ajoutée sur le plan pédagogique ? Enfin, quelles sont les pratiques émergentes dans le contexte béninois ?

Notre étude veut montrer que l'introduction de la robotique en milieu scolaire est un processus pratique relié à la vie concrète par l'application des sciences, de la technologie, de l'ingénierie et des mathématiques effectué par des élèves guidés par des enseignants.

Plus largement, la robotique dans le milieu éducatif et sa contribution au développement des systèmes éducatifs béninois d'une part et à l'émergence de nouvelles pratiques nées de l'utilisation des robots d'autre part dans un contexte où les problèmes d'accès au système éducatif sont nombreux : analphabétisme, linguistique, l'écriture, le coût, etc.). En effet, de nombreux rapports ont souligné une inadéquation des formations à la demande du marché béninois qui a des besoins dans les secteurs suivants : ingénierie, plomberie, mécanique, hôtellerie, etc. Ce constat fait partie des problèmes majeurs de la formation au Bénin. Pour Doris Houedokoho[32], la formation dispensée dans le système éducatif en général et dans les universités publiques est le premier problème à régler si l'on veut éviter de déverser sur le marché de futurs chômeurs. Elle a proposé que les programmes

---

[32] Juriste et diplomate béninoise. Auteure d'un article intitulé « Enseignement au Bénin : Quand l'université fabrique des candidats au chômage ».

soient proactifs, ouverts sur le monde et plus imaginatifs. De plus, la réorientation des programmes doit partir d'un véritable état des lieux pour un point des besoins actuels du marché. Car le système éducatif béninois relève de l'oralité, il est caractérisé de formations théoriques qui relèvent peu du pragmatique.

Nous entendons ainsi étudier la manière dont la robotique est perçue et mise en œuvre dans la formation afin de relever la pertinence d'une formation en science de la robotique à l'amélioration du système éducatif en vigueur dans l'enseignement secondaire afin de participer à l'amélioration des conditions de vie des populations. Sachant que du primaire au secondaire très peu d'apprenants béninois reçoivent des formations en rapport avec l'informatique. Dans ce contexte, l'étude veut savoir en quoi l'initiation en robotique comporte des enjeux d'amélioration au système éducatif en place au Bénin.

La science de la robotique comme objet pédagogique

La robotique en tant que discipline scientifique trouve depuis près d'une soixantaine d'années des usages en éducation. La littérature fait état d'un courant désigné par le terme de *robotique pédagogique*, qui s'inscrit dans l'approche de l'apprentissage par la découverte en logo[33] dont le dispositif robotique (tortue logo)[34] est associé à un langage de programmation, simple au niveau de l'interface, mais puissant au niveau de commandes, à

[33]Logo est un langage de programmation informatique mis au point dans les années 1960 par le mathématicien Seymour Papert et son équipe du Mit dans un but éducatif.

[34]Une tortue logo en version robotique est une machine qui a été utilisée par l'éducation nationale en 1985 dans le cadre du Plan IPT (Informatique Pour Tous), pour démontrer les sources de la programmation aux au primaire.

l'aide duquel les apprenants développent des compétences transversales.

La robotique pédagogique se situe au carrefour de deux approches éducatives très fécondes au plan cognitif : les activités de manipulation et de construction des objets tangibles à la base des dispositifs de type Lego ou autres, et les micromondes des programmables (Depover, Karsenti& Komis, 2007 : 124). Elle constitue une approche didactique originale, fondée sur une méthode d'apprentissage utilisant des dispositifs programmables et la mise en œuvre d'une « pédagogie par projet » (Denis & Baron, 1994 ; Depover et al., 2007 : 123). La robotique pédagogique s'adresse à différents types d'apprenants (de l'école maternelle à la formation d'adultes) dans un objectif d'initiation à la démarche scientifique et de développement des compétences techniques et informatiques (Vassilis Komis, Anastasia Misirli, 2012 :123). Cette démarche permet à l'apprenant de se familiariser avec les technologies informatiques au sens large et de les employer pour définir un projet, le structurer et trouver une solution concrète au problème posé en confrontant son point de vue avec d'autres. C'est un outil pédagogique apte au développement des compétences cognitives.

Le robot incarne une entité douée d'autonomie capable d'accomplir des missions fixées à l'avance dans un environnement variable. Le robot peut être utilisé à l'école comme un outil efficace permettant d'agir sur le développement cognitif des enfants, mais c'est aussi un objet technologique dont il ne faudrait pas négliger la portée pédagogique en tant qu'artefact d'appropriation de connaissances techniques. Le robot, par son caractère anthropomorphique, constitue un puissant outil de médiation qui, par un effet de miroir, permettra aux enfants de prendre conscience de la façon dont l'individu fonctionne (Bossuet, 1982 : 124). Soulignons également l'aspect ludique des automates programmables, facteur important de motivation à l'école maternelle ou élémentaire.

Si en grande partie le courant de la robotique pédagogique met l'accent sur la programmation des robots préconstruits, dans le contexte de notre recherche, la partie de la construction n'est pas principalement celle sur laquelle nous portons notre intérêt. Nous souhaitons au contraire porter un regard appuyé sur les aspects d'apprentissage. Dans ce cas, le contexte pédagogique de la robotique peut s'étendre dans l'environnement d'un lycée.

Robotique en milieu éducatif et pratiques émergentes

Dans le cadre d'un établissement scolaire tel qu'un lycée, il s'agit d'une voie d'exploration des possibilités d'usage de la robotique en complément de ce qui existe déjà (environnements numériques de travail, logiciels, etc.) ; tout en étant attentif à la modification des comportements en salle de classe ; donc des pratiques engendrées par l'introduction d'un nouvel objet technologique. Parmi les axes de développement exposés, on peut évoquer la téléprésence, avec un robot « avatar » de l'élève et de l'enseignant absent, ou « passerelle » entre l'école et l'extérieur, ainsi que les robots comme compagnons d'interaction sociale, capables de s'adapter à leurs interlocuteurs et d'en accompagner, de façon personnalisée, les apprentissages.

La robotique pédagogique utilise des outils tangibles qui sont très appropriés au niveau développemental pour les enfants. L'usage des outils tangibles est un élément motivant qui favorise l'activation des enfants envers l'apprentissage et leur implication dans des activités inscrites dans un contexte ludique et plein de signification. De plus, dans ce contexte de l'apprentissage par le jeu, la construction des notions abstraites et des habiletés sociales, très importantes pour cette classe d'âge, est renforcée (Bers & Horn, 2010 ; Yelland, 2007).

Il convient de préciser qu'en Afrique, notamment au Bénin, certains établissements avec l'appui financier d'organisations non gouvernementales pour la plupart, mènent actuellement des expérimentations dans la robotique pédagogique. L'intérêt de ces projets relève de l'aspiration au développement par la réforme des programmes scolaires et des pratiques pédagogiques

Les classes doivent proposer des processus d'enseignement et d'apprentissage permettant la recherche de la compréhension et de l'impact réel de ces disciplines dans la vie quotidienne, et particulièrement en Afrique. Le tableau ci-dessous donne un aperçu de quatre expériences de robotique pédagogique dans des pays différents.

Tableau 1: cas de robotique pédagogique en Afrique

Projets recensés	Pays	Public
Le centre Next Gen DigitalTechnologies Fondé par une enseignante féministe Janet Folang, le centre NextGen s'efforce d'intéresser les filles aux métiers technologiques et précisément ceux de la robotique.	Cameroun	Filles
Panafrican Robotics Compétition (PARC), Une compétition de robotique opposant des élèves de lycées et collèges. Il s'agit d'une initiative de Sen École, une organisation créée pour promouvoir l'éducation scientifique au Sénégal et, si possible, sur l'ensemble du continent africain.	Sénégal	Lycées et collèges
L'Association pour le développement de l'éducation en Afrique (ADEA) et le Partenariat mondial pour l'éducation (GPE). Des ateliers de sensibilisation et de formation adéquate ont été mis en œuvre avec succès pour les membres du Conseil de gestion (CG), les chefs d'établissement et les enseignants. En 2016, 329 enseignants des 102 écoles ont été formés dans 8 régions. La formation était axée sur une approche interdisciplinaire, l'enseignement en vue de la durabilité, la créativité, le marché et une introduction à la robotique.	Kenya	Élèves

Reproduit à partir de plusieurs sources Internet[35]

---

35 https ://information.tv5monde.com/afrique/cameroun-une-ecole-de-robotique-encourage-les-filles-dans-cette-filiere-258327

http ://parcrobotics.org/

https ://www.globalpartnership.org/fr/blog/comment-lenseignement-des-sciences-peut-liberer-le-potentiel-de-lafrique

Démarche méthodologique

Nous avons choisi une méthodologie par étude de cas (Yin, 1994) puisque nous visons à saisir un processus, qui résulte du croisement permanent entre actions et éléments de contexte en évolution ; donc entre activités robotiques dans le contexte éducatif en évolution. Comme chaque méthode s'articule autour d'un certain nombre d'outils de collecte et de traitement des données, nous mobilisons une approche quantitative (HladyRispal, 2002), susceptible d'identifier la perception de la notion de robotique, les besoins en robotique et les facteurs sociaux qui entrent en jeu dans l'appropriation de la formation de la robotique chez les élèves dans le contexte particulier qui est le leur.

L'échantillon de notre étude est composé de lycéens choisis selon l'intérêt que ces derniers accordent à la robotique. Notre choix s'est porté sur le Lycée Coulibaly de Cotonou, un établissement technique et professionnel géré par l'État. Ce choix s'explique aussi par le fait qu'il s'agit d'un établissement à visée professionnelle. Nous avons interviewé 25 élèves sur 85 qui ont bénéficié du projet *Femcoders* au sein de cet établissement (soit 29,41 %). Les interviews ont été réalisées pendant le second semestre 2018, durant trois jours consécutifs. Chaque entretien a duré en moyenne 25 minutes et a eu lieu après le cours dans la classe principale, en présence de l'enseignant. L'échantillon était composé d'élèves des séries Installations et Maintenance en Informatique (Imi), Eaux et Assainissement (Ea), Dessin de Projection en Bâtiments (Dpb), Mécanique Automobile (Ma), La mécanique générale (F).

Synthèse des résultats et contributions de l'étude de cas

Notre recherche sur la robotique en milieu scolaire et en contexte africain montre d'abord une perception du robot comme un objet intelligent, capable de comprendre, d'apprendre ou de s'adapter à leur environnement. Ensuite, ces lycéens perçoivent en majorité le lien qui est fait entre la résolution de problèmes avec le robot et l'acquisition des compétences dans les matières scientifiques au programme scolaire. Dans le même temps, ils reconnaissent un apport positif de la formation sur leur compréhension du robot et la pratique de la robotique en général. Enfin, les lycéens de notre échantillon perçoivent finalement le robot comme un outil indispensable à leur enseignement des sciences, et même plus largement, au développement de leur pays.

Si ces lycéens reconnaissent l'intérêt d'une relation *homme/robot* dans l'aide à la réduction les tâches courantes et répétitives, nous pouvons percevoir aussi leurs limites dans la vision à long terme des possibilités qu'offre cet outil ; notamment la façon d'aborder le monde du travail plus tard qui est devenue aujourd'hui largement technologique. Mais nous pouvons mettre cette limite par le fait que nous sommes en présence d'enfants encore en apprentissage. Une autre limite serait à mettre au crédit du difficile apport logistique lié à l'accessibilité des kits robotiques et à une véritable volonté des autorités gouvernementales pour soutenir ce type de projet.

La mise en évidence de notre analyse se traduit dans l'ensemble des tableaux et commentaires suivants que nous avons élaborés avec le discours des lycéens. Ensuite, nous avons abordé la dimension empirique de notre recherche par une approche quantitative de ces données afin d'expliquer les phénomènes sous forme de variables mesurables.

Tableau 2: La définition du robot

Définition du robot Classe	Un objet que l'on retrouve dans les films ou dans les livres	Un objet que l'on retrouve seulement dans les pays qui sont développés	Un dispositif mécanique, électronique et informatique	Un objet ayant une intelligence électronique qui lui permet d'avoir un comportement en fonction des informations qu'il reçoit à partir de l'environnement dans lequel il se retrouve	Total
Seconde Ma	0	0	0	0	0
SecondeEa	0	0	0	0	0
Seconde F	0	0	1	1	2
Seconde Imi	0	0	0	0	0
Seconde Dpb	0	0	0	0	0
Première Ma	0	2	3	3	8
Première Ea	2	3	7	7	19
Première F	1	1	2	2	6
Première Imi	0	2	2	2	6
Première Dpb	0	0	0	0	0
Terminale Ma	0	0	0	0	0
Terminale Ea	1	2	2	3	8
Terminale F	0	1	1	1	3
Terminale Imi	1	1	2	2	6
Terminale Dpb	0	2	3	3	8
Total	5	14	23	24	66

Source : Données des enquêtes

Sur un total de 25 élèves, les données de l'étude montrent que 24 (96 %) d'entre eux toutes séries confondues pensent que le robot se définit comme un *objet ayant une intelligence électronique qui lui permet d'avoir un comportement en fonction des informations qu'il reçoit à partir de l'environnement dans lequel il se retrouve.* La série et la classe la plus représentative est la Première Ea (Eaux et Assainissement) avec 7 élèves qui ont choisi cette définition, soit 28 %. La définition du robot en tant qu'un dispositif mécanique, électronique et informatique a été choisie par 23 élèves (92 %) sur le total de 25 élèves toutes séries confondues. La série et la classe la plus représentative reste la Première Ea avec 7 élèves, soit toujours 28 %.

Sur les 25 élèves enquêtés, 14 élèves (56 %) toutes séries confondues définissent le robot comme un objet que l'on retrouve seulement dans les grands pays qui sont développés. La série et la classe la plus représentative demeure la Première Ea avec 3 élèves, soit 12 %. Sur les 25 élèves, la définition du robot qui a été la moins choisie est celle qui le définit comme un objet que l'on retrouve dans les films ou dans les livres. Le tableau montre que seulement 5 élèves (20 %) toutes séries confondues sont intéressés à cette définition. La série et la classe les plus représentatives restent la première Ea avec 2 élèves, soit 8 %.

Tableau 3: La relation entre la collaboration et le développement de compétences

	Développement de compétences			
Collaboration	Non	Oui	Non réponse	Total
Le fait de ressentir que vous faites partie d'une équipe	2	4	0	6
Le fait de communiquer avec les autres membres de l'équipe	1	8	1	10
Le fait de résoudre des problèmes à partir de ce que les autres pensent et de ce que vous pensez vous-même	0	20	2	22
Le fait d'être obligé de réfléchir et de donner des réponses	0	7	1	8
Total	**3**	**39**	**4**	**46**

Question : Cochez parmi les exemples suivants ce que vous aimez dans le travail en équipe lors de la fabrication du robot.

Source : Données des enquêtes

Sur les 25 élèves enquêtés, 20 (80 %) affirment que *le fait de résoudre des problèmes à partir de ce que les autres pensent et de ce qu'ils pensent eux-mêmes* leur permet de développer des compétences dans d'autres matières.

Tableau 3 : L'apport de la formation à la compréhension du robot et la perception de la science robotique

Nous avons à ce niveau deux tableaux :

Tableau 3a : L'apport de la formation à la compréhension du robot

Question : La formation de Femcoders change-t-elle votre compréhension du robot ? Cochez une (1) seule réponse

Changement	Nb. Cit.	Fréq.
Non réponse	1	4,0%
Oui	23	92,0%
Non	1	4,0%
Total Obs	25	100%

Source : Données des enquêtes

Ce tableau révèle que la formation a apporté un réel changement dans leur compréhension du robot chez les élèves.

Tableau 3b : La perception de la science robotique

Question : La science robotique est pour vous..., cochez pour chaque proposition de réponse une seule réponse.

	Changement			
Perception de la science robotique	Non réponse	Oui	Non	Total
Non réponse	0	2	0	2
Oui	0	19	0	19
Non	1	2	1	4
TOTAL	1	23	1	22

Source : Données des enquêtes

L'analyse des données du présent tableau montre que sur les 25 élèves, 23 (92 %) estiment que la formation a apporté un véritable changement à leur compréhension du robot. Quant à la perception de la science robotique, sur les 25 élèves, 19 élèves (76 %) affirment que *la science de la robotique est une passion.*

Question : Á quoi sert un robot selon vous ?

Tableau 4: L'utilité du robot pour le développement d'un pays

	Robot et développement d'un pays		
L'utilité du robot	Oui	Non	TOTAL
Un robot peut travailler avec l'homme pour réaliser certaines tâches qu'il effectue tous les jours	21	4	25
Un robot peut aider un paysan dans ses activités de culture, de récolte ou de production des productions des produits agricoles	16	3	19
Un robot permet d'effectuer rapidement des tâches difficiles seulement dans les entreprises	12	2	14
Un robot peut donner des cours dans les écoles	7	0	7
Un robot peut aider les médecins dans les hôpitaux	18	4	22
TOTAL	74	13	87

Source : Données des enquêtes

Dans le croisement des données, sur le total des enquêtés, 21 élèves (84 %) pensent que *le robot est indispensable au développement d'un pays en ce sens qu'il peut travailler avec l'homme pour réaliser certaines tâches qu'il effectue tous les jours*. Par contre, sur les 25 élèves, 7 élèves (28 %) estiment qu'un robot peut donner des cours dans les écoles.

Question : le fait de travailler en équipe au cours de la formation en robotique vous permet-il de mieux comprendre les autres enseignements ?

Tableau 5: La relation entre la formation et l'utilité perçue du robot

	Changement			
L'utilité du robot	Non réponse	Oui	Non	TOTAL
Un robot peut travailler avec l'homme pour réaliser certaines tâches qu'il effectue tous les jours	1	23	1	25
Un robot peut aider un paysan dans ses activités de culture, de récolte ou de production des productions des produits agricoles	0	18	1	19
Un robot permet d'effectuer rapidement des tâches difficiles seulement dans les entreprises	1	13	0	14
Un robot peut donner des cours dans les écoles	0	7	0	7
Un robot peut aider les médecins dans les hôpitaux	1	20	1	22
TOTAL	3	81	3	87

Source : Données des enquêtes

Les données de ce tableau permettent de dire que la formation administrée dans le cadre du projet *Femcoders* a apporté un changement dans la compréhension du robot en ce sens que les élèves comprennent *qu'un robot peut travailler avec l'homme pour réaliser certaines tâches qu'il effectue tous les jours.* FemCoders provient de « Female Coders », comme pour dire « Femmes développeuses ». Il s'agit d'un projet de formation en science de la robotique dans les établissements secondaires publics du Bénin. Notre tableau nous permet de faire ce constat chez 23 élèves, soit 92 %. En nous référant au tableau précédent, nous pouvons dire que la compréhension du robot permet aux élèves de prendre conscience de son utilité dans le processus de développement de leur pays (respectivement 23 élèves et 21 élèves pour la même variable qu'est : « un robot peut travailler avec l'homme pour réaliser certaines tâches qu'il effectue tous les jours »).

Discussion

Cette étude nous a permis de comprendre les enjeux liés à l'introduction de la robotique au sein de l'enseignement secondaire au Bénin. Ces enjeux relèvent de l'intérêt des élèves pour la robotique, de l'utilité d'introduire des robots dans le cadre pédagogique et enfin, des pratiques émergentes lors de la résolution de problématiques en contexte béninois.

Par ailleurs, nous pouvons noter que les élèves s'approprient la robotique à partir des facteurs sociaux. Leur représentation de l'utilité du robot sur le plan économique peut être perçue à travers les résultats suivants : Dans 92 % des cas, un robot peut aider les médecins dans les hôpitaux ; dans 80 % des cas, un robot permet d'effectuer rapidement des tâches difficiles dans les entreprises. Sur le plan culturel, il ressort qu'un robot peut donner des cours dans les écoles dans 28 % des cas ; un robot peut aider un paysan dans ses activités agricoles dans 72 % des cas.

En outre, à partir des travaux effectués par les élèves et par leurs professeurs pour la réalisation du robot, les élèves arrivent à mener une étude expérimentale. Ils s'approprient un problème qui leur est soumis. Ils discutent, confrontent leurs idées avec celles de leurs camarades. Ils viennent certes de disciplines différentes, mais leur désir de comprendre les amène à se confondre avec les autres pour faire avancer leur expérience. Les phases de travail collectif au cours de cette formation favorisent des interactions propices à l'apprentissage de la langue anglaise en même temps que le renforcement des compétences en informatique. Nous avons noté un engouement des élèves dans toutes les disciplines malgré la différence de filière et de niveau d'études, les élèves sont très impliqués, ce qui favorise leur apprentissage.

En somme, cette recherche a révélé les enjeux de la formation à la robotique de *Femcoders* pour les élèves qui la suivent. Elle nous a également permis de saisir le sens d'un tel dispositif technologique dans un programme pédagogique, notamment par l'acquisition de connaissances mathématiques, scientifiques et technologiques, mais aussi l'acquisition des compétences transversales et le développement des facultés cognitives, métacognitives et sociales des élèves. La robotique prise comme objet pédagogique contribue fortement au développement de compétences pluridisciplinaires chez les élèves. Elle se greffe aux perceptions d'ordre social, économique et culturel. Au Bénin, l'initiation à la robotique en tant qu'objet pédagogique comporte des enjeux d'amélioration du système éducatif en place. De telles initiatives devraient davantage être introduites dans les établissements en Afrique pour que les apprenants s'extériorisent et développent le potentiel scientifique qui est en eux.

Bibliographie

Bossuet, G. (1982). *L'ordinateur à l' école*, L'éducateur : PUF.

Delannoy, P. (1994). Peut-on enseigner un langage que personne ne parle. *Actes du congrès AP O de Québec.*

Denis, B., & Hubert, S. (2001). Collaborative learning in an educational robotics environment. *Computers in Human Behavior*, 17 (5-6), 465-480.

Depover, C., Karsenti, T. & Komis, V. (2007). *Enseigner avec les technologies*, Presses de l'Université du Québec.

Gaudiello, I., &Zibetti, E. (2013). La robotique éducationnelle : état des lieux et perspectives. *Psychologie française*, *58*(1), 17-40

Janiszek, D., Laetitia, B. H., Pellier, D., Mauclair, J., & Baron, G. L. (2011, October). De l'usage de Nao (robot humanoïde) dans l'apprentissage de l'informatique. In *Sciences et technologies de l'information et de la communication en milieu éducatif : Analyse de pratiques et enjeux didactiques.* (pp.231-239). Athènes : New Technologies Editions.

Komis, V., &Misirli, A. (2012). L'usage des jouets programmables à l'école maternelle : Concevoir et utiliser des scénarios pédagogiques de robotique éducative. *Revue Skholê*, *17*, 143-154.

Rispal, M. H. (2002). *La méthode des cas*. De Boeck Supérieur.

Yin, R. K. (1994). Discovering the future of the case study. Method in evaluation research. *Evaluation practice*, *15*(3), 283-290.

LE DRONE DANS LES CHAMPS EN AFRIQUE

AMESSINOU Kossi

Ministère du Plan et du développement, Bénin

Résumé

Depuis l'avènement des objets connectés, nous avons enregistré de nombreuses innovations dans la plupart des secteurs de développement, notamment dans l'agriculture. Ainsi, en raison de la fonction nourricière que lui confèrent la combinaison entre les investissements humains et la disponibilité de la terre, elle appelle de l'attention autant du grand public, des décideurs, que des organismes régionaux et internationaux. C'est ce qui justifie des prises d'initiatives dans cette veine par de nombreux pays pour faciliter les conditions de travail aux producteurs. L'Afrique en général et le Bénin en particulier ne sont pas en marge de cette dynamique technologique et socio-économique.

Aujourd'hui, même s'il n'est pas encore intégré aux curricula de nos entités de recherche, le drone et son usage commencent par se faire remarquer de plus en plus sous nos cieux. La nécessité d'installer une chaîne de montage d'outils technologiques pouvant rivaliser avec l'objet volant commence par se faire sentir. Cet équipement qui focalise toutes les curiosités dans nos contrées d'Afrique est, pour le commun des individus, "drone" tout simplement, parfois observé planant au-dessus des spectacles de showbiz, au-dessus des champs, ou expérimenté à l'occasion des renforcements de capacité des producteurs. Pour les citoyens donc, tous les drones sont identiques. Mais pour les experts, il en est tout autrement, car ces appareils sont porteurs de multiples fonctions distinctes.

En effet, il y en a qui ne font que de l'analyse d'informations alors que d'autres sont conçus pour l'épandage des produits phytosanitaires. Ceux destinés à l'analyse collectent les informations essentielles à la prise de décision et à l'action, par exemple pour obtenir un plan de sol, ou pour le suivi de l'état de croissance d'une culture donnée. Les informations collectées par les drones sont stockées dans des entrepôts de données et manipulées à des fins diverses bien souvent à l'insu du producteur. L'analyste en charge des systèmes d'information géographique utilise les données issues de la mémoire SD du drone. Il les analyse en vue de produire des cartes à des fins de prise de décision. Elles constituent par la même occasion un réservoir potentiel d'informations dans lequel viendraient puiser les cartels et filiales occidentaux et asiatiques pour conforter leur positionnement dans les rivalités de l'intelligence économique et de l'intelligence artificielle. L'autorisation d'accès à l'information n'est en effet plus exigée lorsque la donnée est uploadée sur la plate-forme du constructeur de drone. Les données captées par le drone sont automatiquement transférables grâce aux technologies de communication sans fil et le mécanisme du déplacement manuel de l'information stockée sur la carte SD du drone. La prudence recommanderait que l'Afrique se dote d'urgence d'un centre de construction de drones avec une plate-forme de traitement. Les revers du statu quo actuel où il est quasi impossible d'exercer un contrôle sur les données massives collectées par des drones survolant les aires en Afrique sont incalculables. Et lorsqu'un groupe dispose des informations sensibles sur l'autre groupe, c'est qu'il dispose aussi de toutes les clés de sa vie. Il peut décider à sa place, et contrôler les entrées et sorties des personnes chez l'autre. Il est donc impératif que l'Afrique maîtrise non seulement ses données générées, mais qu'elle puisse aussi en avoir la gestion de bout en bout.

Introduction

Au Cameroun, le jeune William Elong[36]utilisa le drone civil pour filmer une fête culturelle Ngondo qui valorise le tourisme camerounais. Au Rwanda[37] le drone civil permet de distribuer des poches de sang dans plus de 28 centres de santé en un temps record. En Côte d'Ivoire, le drone assure la géolocalisation et la cartographie des plantations de cacao[38]. Ceux qui sont conçus pour l'épandage de produits phytosanitaires assurent l'optimisation de l'utilisation des intrants agricoles. Avec le drone de la compagnie « Azur Drone »[39], il est possible de faire un

[36] https ://www.voaafrique.com/a/des-drones-camerounais-pour-voir-lafrique-autrement/3267473.html (consulté le 19 juin 2018)

[37] https ://www.africa24tv.com/fr/afrique-des-drones-au-service-de-la-sante-et-de-leconomie (consulté le 19 juin 2018)

[38] http ://www.jeuneafrique.com/mag/299996/economie/technologies-cote-divoire-envoie-drones-a-lassaut-de-foncier-rural/ (consulté le 19 juin 2018)

[39] https ://www.azurdrones.com/fr/survey-drones/agriculture (consulté le 19 juin 2018)

épandage efficace d'agent biologique pour lutter contre la pyrale du maïs. « *Le drone est déjà largement présent dans notre société. Le grand public le découvre notamment dans le champ de nos loisirs et celui des médias où il est utilisé couramment dans les reportages, les tournages de film et les couvertures d'événements sportifs.* »[40]

La fonction initiale du drone est la télédétection qui est une fonction bien connue dans l'environnement agricole. Les satellites (à 36 000 km pour les géostationnaires et 700 km pour les observations) servaient initialement à cette fin avant d'être suppléés par les avions de basse altitude (5 km), et aujourd'hui par les drones de précision qui font des captures photo vidéo jusqu'en dessous de 150 mètres. C'est une innovation qui offre toute son utilité aux agriculteurs qui doivent en exploiter le potentiel pour améliorer leur rendement agricole, en rendant performants leurs itinéraires techniques.

Au vu de son importance mentionnée supra, et parce que cet outil commence par être plus familier dans les champs, il urge de mettre en place des textes pour réglementer son usage civil afin de situer les responsabilités des acteurs en cas de besoin. « *Le droit ne peut se satisfaire d'un automate irresponsable. Le drone pourvu de facultés de repérer, mémoriser et intervenir, automate d'acier aux organes technologiques, répond heureusement encore aujourd'hui de ses créateurs humains qui restent les seules personnes, au service desquelles et par qui ils ont été conçus, et les seules personnes encore à qui des comptes peuvent être demandés de la conception jusqu'à l'usage qui en a été fait* »[41]. Si certains pays africains comme le Rwanda et le Cameroun n'imposent actuellement aucune restriction à l'usage

---

[40] Bernard PELLECUER, *Drones et agriculture*, Éditions France Agricole, Collection agri production, 2017, p ix

[41] Alexandre CASSART, *Le droit des drones*, Les Cahiers Lysias, Société d'édition électronique sur l'économie et le droit, 2017, p4

des drones civils, cela n'est pas le cas partout. En Afrique du Sud, l'autorité de l'aviation civile a proscrit l'usage du drone avec caméra embarquée[42].

Dans cette logique, la responsabilisation des acteurs est indispensable d'autant plus que pour le non initié, l'usage du drone serait une pure gageure et pourrait se révéler contre-productif. Il faut donc de la connaissance en aérodynamisme, en météorologie, en physique, en mécanique et en géolocalisation pour en tirer le meilleur profit.

Aussi faut-il :

- savoir faire le choix de l'appareil et celui des capteurs embarqués ;
- savoir le piloter et avoir une précision sur ce qu'on veut observer et à quelles fins on souhaite le faire ;
- recourir souvent à l'opérateur ou à la plate-forme du drone pour le traitement des données ;
- savoir interpréter les données et suivre les recommandations et les conseils ;
- savoir assurer l'accompagnement et l'intégration de cette innovation dans la pratique culturale pour ne pas la confondre à un jouet avec lequel on perdra du temps au lieu de se préoccuper de son activité champêtre.

Mais une fois ces exigences satisfaites, il faut convenir avec le Centre Technique de Coopération agricole et rurale (CTA) qui affirme dans la description de son programme digitalisation qu'*« aux avantages réels des drones pour l'agriculture s'ajoute l'intérêt de nombreux jeunes diplômés pour des technologies innovantes comme celle des drones, précisément. Leur adoption*

---

[42]https ://www.actualitesdudroit.fr/browse/afrique/droits-nationaux/10371/de-l-utilisation-des-drones-en-afrique-quel-marche-et-quelle-reglementation (consulté le 19 juin 2018)

à grande échelle pourrait ainsi contribuer à retenir les jeunes dans les régions rurales, ces jeunes pouvant par exemple devenir pilotes de drones, analystes de données ou conseillers agronomes »[43].

Cependant, la quintessence de la problématique d'intégration du drone dans l'agriculture réside dans la manipulation des données massives. Où sont-elles stockées ? Qui en a accès ? Comment participent-elles à une prise de décision stratégique ? Ce dernier questionnement est particulièrement pertinent du fait même de l'origine de la technologie. En effet, l'idée de la mise en place des premiers drones remonte à la fin de la Première Guerre mondiale. Ce sont des « *avions sans pilote* »[44]. L'idée reposait sur le souci de collecter des informations précises, actuelles et discrètes sur les positions adverses pour les besoins de guerre. C'est indirectement un mécanisme de collecte et de manipulation de données diverses que la technologie des drones nous amène à revisiter. Les drones connectés à internet disposent des adresses IP publiques. Les informations qu'ils collectent sont de ce fait disponibles et directement manipulables sur internet. Cette masse d'informations est stockée sur des serveurs en ligne. Les propriétaires de ces serveurs ont eux aussi le contrôle sur les données collectées. Ce processus appelle à reconstruire la sécurité autour des drones connectés à internet afin que la vulnérabilité du propriétaire des informations collectées ne devienne pas plus grande.

Lors de la conduite de nos travaux de terrain pour la rédaction de notre thèse en sciences de l'information et de la communication, nous nous sommes rendu compte du degré de pénétration du

---

[43] _https ://www.cta.int/fr/projects/eyes-in-the-sky_(consulté le 22 février 2019)

[44] Tullio Joseph TANZI, « Drones quelques réflexions, » *Séminaire Drone*, LIM, Février 2014, p3

drone dans le paysage africain en nous rapportant aux drones readiness index[45]. Nous nous sommes aussi interrogés sur la sécurité des données collectées par les drones et le contrôle desdites informations. Cette interrogation nous a permis d'émettre des réserves sur la finalité des données issues des drones. Il est prudent de se méfier d'un usage non recommandé de ces données, d'où l'idée de faire une revue de littérature pour mieux appréhender leurs divers usages civils dans les champs en Afrique. L'extrait suivant, pris sur le site web du CTA, la Coopération Technique Agricole ACP-UE nous réconforte. On peut y lire en effet :

> *« L'utilisation de services de drones dans l'agriculture de précision offre de formidables possibilités pour tous les pays ACP. Le diagnostic des cultures ou d'autres types de services basés sur des données géo-spécifiques et haute résolution générées grâce à ces systèmes aériens sont à la base des pratiques agricoles de précision. Les drones fournissent aux petits exploitants des données en temps réel sur leurs terres, leurs cultures et leur bétail, ainsi que des informations exploitables qui leur permettent de maximaliser l'efficacité des intrants, de minimiser l'impact de l'agriculture sur l'environnement, d'optimiser la qualité des produits et de réduire les risques à un minimum. La surveillance aérienne des récoltes et de l'état du bétail leur permet également d'identifier rapidement, et même d'anticiper, des problèmes que des contrôles ponctuels au sol ne permettent pas toujours de repérer »*[46].

L'objectif principal de la recherche est d'attirer les attentions sur le sort réservé aux big data collectées. Il faut toutefois être conscient suite à une telle préoccupation, que les décisions stratégiques d'aménagement d'une surface emblavée ne

---

[45] http ://drones-readiness-index.herokuapp.com/ (consulté le 15 novembre 2020)

[46] https ://www.cta.int/fr/projects/eyes-in-the-sky (consulté le 22 février 2019)

pourraient pas se résoudre à la seule exploitation des images aériennes issues des drones.

Notre question centrale est la suivante : *dans quelles mesures l'utilisation des données capturées par les drones agricoles concourt-elle à l'amélioration des rendements* ?

Les défis d'une production de plus en plus intensive ont motivé les chercheurs à investir dans la collecte des données massives avec des technologies de robotique adaptées au type de relief et de sol.

Nous ferons recours ici aux concepts d'appropriation du drone et du big data.

Le concept d'appropriation a été défini par plusieurs chercheurs. Docteur Kossi AMESSINOU dans sa thèse *Les technologies mobiles dans le milieu agricole au Sud Bénin : cas des producteurs d'ananas* écrit qu'il existe une

> *« application de l'appropriation qui est celle des outils agricoles, perçue comme la compréhension du fonctionnement des outils, la construction de son potentiel personnel d'usage des équipements. Vient ensuite l'appropriation des outils qui est elle-même vue comme une adhésion à une utilisation optimale des équipements. Il y a aussi l'appropriation du téléphone de nouvelle génération encore appelé smartphone. C'est ici la possession du produit associé à sa manipulation qui est visé quand on évoque le concept d'appropriation du smartphone. La connaissance globale des fonctions n'est pas indispensable, mais il faut avoir la curiosité et la capacité de manipuler l'outil. Cette appropriation est en lien avec la compétence initiale de l'utilisateur »*[47].

[47] Kossi AMESSINOU, *Technologies mobiles en milieu agricole au sud Bénin : cas des producteurs d'ananas*, thèse de doctorat en sciences de l'information et de la communication, Université Bordeaux Montaigne, Bordeaux, 2018, p77

Dans *Regards croisés sur le processus d'appropriation des Technologies de l'information et de la communication* de Jean François Trinquenoste et Marc Bidan cités par le magazine Management et Avenir n°2011/5 (n°35), pp.175-178, les auteurs abordent la thématique de l'appropriation en mettant l'accent sur la richesse et l'actualité du concept dans le contexte évolutif de la société actuelle. Pour l'académie des technologies française,

> *« l'une des étapes importantes du processus d'adoption est celle de l'instrumentation au cours de laquelle l'objet technique doit se transformer en instrument que notre corps, dans toutes ses composantes, doit apprendre à manipuler. Cette phase nécessite une coadaptation, c'est-à-dire que l'objet technique peut être modifié (...), mais que notre corps doit adopter de nouveaux comportements, apprendre de nouveaux gestes, développer des automatismes et des capacités d'anticipation. Cette adaptation peut parfois s'incorporer profondément dans notre corps. En outre, cette adaptation ne nécessite pas, au moins dans un premier temps, de contact physique avec l'objet réel. Les sciences cognitives nous montrent que notre cerveau est capable de développer des simulations de ce qui peut arriver, simulations qui vont contribuer à déterminer notre attitude et faciliter éventuellement la prise en main de l'objet réel. »*[48]

L'appropriation du drone est perçue de la même façon que celle du smartphone qui en est l'un des équipements constitutifs. Le drone a servi initialement aux intérêts de la stratégie militaire, par laquelle les positions ennemies sont détectées. Ils ont été investis par plusieurs auteurs, mais dans le cas de cet article, nous avons retenu la définition de Sébastien CHOGNARD :

> *« les drones sont des aéronefs capables de voler et d'effectuer une mission sans présence humaine à bord. Ils sont caractérisés par : un système de bord permettant le pilotage et le vol de façon automatique, et une charge utile constituée d'un ensemble d'équipements pouvant assurer*

---

[48] Rapport de l'académie des technologies voté le *13 mai 2015, p.16.*

l'acquisition des images, un éventuel traitement des données, ainsi qu'un tri des données à envoyer à la base au sol (ONERA). On peut distinguer deux grandes familles de drones, que sont les drones à voilure fixe qui ressemblent à des ULM [aéronef ultra léger motorisé], ou bien des drones à voilure que sont les hélicoptères ou tout objet volant composé de rotors comme les quadricoptères »[49].

Drone volant à voilure fixe

[49] Sébastien CHOGNARD, *Drones et agriculture : aspect généraux et étude de cas*, Diplôme d'ingénieur agronome, Université de Toulouse, Toulouse, 2013, p16

Drone volant à voilure tournante

Ces engins et bien d'autres ont récemment révolutionné le monde agricole, et l'Afrique n'y a pas échappé. Ce boum a bien des origines : il peut-être le résultat de la formation d'un capital humain susceptible d'apporter de l'expertise aux agriculteurs grâce aux interventions du centre technique de coopération agricole et rurale (CTA) ; il peut être également lié aux recommandations de l'Union africaine qui a invité les chefs d'État et de gouvernements africains à faire recours à cette technologie pour l'atteinte des objectifs du développement durable en lien avec l'agriculture à l'horizon 2030.

Hanaa Ait kaikai a proposé dans la même veine un article intitulé *Appropriation des TIC au sein de l'université marocaine : Perception des étudiants,* où il donnait un aperçu assez large de ce qu'est l'appropriation en ces termes :

> *« L'appropriation est l'acte par lequel l'usager devient un acteur actif et autonome qui construit ses usages en fonction de ses intérêts et se constitue « un soi » (Jouët, 2000). On comprend dès lors que l'appropriation constitue l'étape ultime de l'usage et de l'intégration des TIC. En effet, après avoir accédé à l'outil technologique (accessibilité), maîtrisé sa manipulation (utilisation) et l'avoir intégré, au contexte d'apprentissage/enseignement (usage), l'usager s'approprie les TIC. L'appropriation est ainsi la finalité de la séquence « accessibilité-utilisation-*

usage » dans laquelle elle s'inscrit. « L'accès » prend en compte la possibilité pour l'usager de disposer de la technique. « L'utilisation » représente l'acquisition des connaissances suffisantes à la maîtrise du fonctionnement du dispositif technique. « L'usage » est l'adoption de cette technologie en vue de l'inscrire dans sa trajectoire propre (Proulx, 2002). Ainsi, "l'appropriation de la technologie est soumise à trois conditions : une maîtrise cognitive et technique minimale du dispositif technique, une intégration significative de l'usage de cette technologie dans le quotidien des acteurs, la possibilité de développer des gestes de création par lesquels l'usage de l'objet technique fait émerger de la nouveauté dans la vie de l'usager "(Breton & Proulx, 2002). »[50]

Les drones collectent des données massives en harmonie avec les capteurs dont ils sont dotés. Ces données massives déterminent la valeur accordée à cette technologie.

Quand nous abordons le concept de big data, nous faisons référence au fait que

> *« l'explosion quantitative des données numériques a obligé les chercheurs à trouver de nouvelles manières de voir et d'analyser le monde. Il s'agit de découvrir de nouveaux ordres de grandeur concernant la capture, la recherche, le partage, le stockage, l'analyse et la présentation des données. [] Il désigne un ensemble très volumineux de données qu'aucun outil classique de gestion de base de données ou de gestion de l'information ne peut vraiment travailler »*[51].

Ces données massives proviennent de plusieurs sources dont les capteurs GPS et les caméras y incorporés.

---

[50] Hanaa Ait Kaikai, *Appropriation des Technologies de l'information et de la Communication au sein de l'Université marocaine : Perceptions des étudiants*, Université Hassan II Mohammedia, Maroc, frantice.net, numéro 8, avril 2014, p 37

[51] https ://www.lebigdata.fr/definition-big-data (consulté le 16 novembre 2020)

« L'expression big data date de 1997 selon l'Association for Computing Machinery. En 2001, l'analyste du cabinet Meta Group (devenu Gartner) Goug Laney décrivait les big data d'après le principe des trois V : (i) le volume de données de plus en massif ; (ii) la variété de ces données qui peuvent être brutes, non structurées ou semi-structurées ; (iii) la vélocité qui désigne le fait que ces données sont produites, récoltées et analysées en temps réel. Certaines entreprises ajoutent un quatrième v à cette définition pour la véracité qui évoque la nécessité de vérifier la crédibilité de la source et la qualité du contenu afin de pouvoir exploiter ces données »[52].

La manipulation de ces données massives appelle la mise en place d'algorithmes que l'on destine à la reconnaissance et au traitement autonome des données à des fins de prise de décision. C'est en réalité le big data qui est maître de la prise de décision. Quand les données peuvent être collectées et analysées de façon diligente et autonome, elles facilitent la prise de décision. Cette approche nous ouvre à la réalité de l'intelligence artificielle.

« Le concept d'intelligence artificielle renvoie à des technologies multiples, nées dans la seconde moitié du XXe siècle, qui reposent sur l'utilisation d'algorithmes. Ces technologies, dont les combinaisons sont en évolution constante, conduisent d'ores et déjà à des applications dans de nombreux secteurs et ouvrent un espace d'opportunités inédit, à même de révolutionner notre cadre de vie et l'aide aux personnes »[53].

Ce concept remonte aux travaux d'Alan Turing dans les années 1950. L'un des usages connus de l'intelligence artificielle est qu'elle « *permet à la machine de déterminer précisément le*

---

52 https ://www.futura-sciences.com/tech/definitions/informatique-big-data-15028/ (consulté le 16 novembre 2020)

53 http ://www.ere-occitanie.org/contenus/medias/2017/04/OPECST_rapport_Intelligence_artificielle_synthese_4pages.pdf (consulté le 16 novembre 2020)

contenu d'une image pour ensuite la classer automatiquement selon l'objet, la couleur ou le visage repéré »[54].

Dans leur ouvrage intitulé *La révolution Big data*, les auteurs Jean-Charles Cointot et Yves Eychennes (2014) font un panorama très complet des processus et des métiers qui peuvent le plus tirer parti des Big Data, tout en s'interrogeant sur le devenir de ces données massives collectées. Pierre Delors quant à lui adresse une invitation à penser ce qu'une approche par les mégadonnées modifie dans la recherche, l'innovation, la vie des entreprises et dans notre vie quotidienne, à travers son ouvrage intitulé *Big data « Que sais-je ? »*.

D'autres auteurs ont aussi abordé la thématique des big data. C'est le cas de Thomas Davenport avec son ouvrage *Stratégie Big Data*, ouvrage dans lequel il présente et décrit les atouts du Big Data, et montre comment améliorer la prise de décision, comment enrichir l'expérience utilisateur, etc.

Les drones fonctionnent comme la plupart des objets connectés sur la base d'algorithmes. Et lorsque l'algorithme est bien entraîné, il sait classifier automatiquement les informations collectées par les capteurs.

Méthodologie de recherche

Il a été fait une observation expérimentale dans une entreprise d'assistance aux agriculteurs, pour apprécier les actions qui concourent à la prise de la décision applicable dans les champs. Nous avons pu observer à cet effet trois grandes phases d'actions présentées dans la rubrique relative aux résultats de la recherche à savoir : la phase de précollecte, la phase de collecte et la phase d'analyse et de présentation des données. Nous avons également procédé à la revue de littérature aux fins d'appréhender les travaux existants sur la thématique de l'utilisation faite des

---

[54] https ://www.futura-sciences.com/tech/definitions/informatique-intelligence-artificielle-555/ (consulté le 16 novembre 2020)

données collectées par les drones en Afrique. Les ouvrages d'auteurs de référence sur la théorie du drone et son usage ont été donc exploité s. Il s'agit notamment de : Frédéric Botton avec son ouvrage intitulé *les drones de loisir* ; Le Quotidien national du Bénin "La Nation" a publié un article dans sa parution du 20 novembre 2019, où Giacomo Rambaldi (Coordinateur principal de programme TIC au Centre technique de coopération agricole et rurale ACP-UE (CTA) à Wageningen, aux Pays-Bas, avec 36 ans d'expérience professionnelle en Afrique, en Amérique latine, en Asie, dans le Pacifique et dans les Caraïbes où il a travaillé pour diverses organisations internationales) expliquait ce qui suit à propos des drones et l'agriculture en Afrique :

> *« Avec la technologie drone, on peut faire beaucoup d'autres choses. Par exemple, on peut compter les fruits d'ananas dans un champ. On peut compter les arbres dans une plantation agroforestière. On peut générer des courbes de niveau de 5 cm. On peut avoir des images avec des résolutions de 2 à 5 cm. On peut utiliser des drones même quand il y a une couverture de nuages. Aujourd'hui, la précision des satellites augmente certes, mais on n'arrive pas à avoir les résolutions qu'on obtient avec les drones »*[55].

Grégoire Chamayou qui a développé sa *Théorie du drone* (2013) met plutôt en exergue le drone en tant qu'instrument de "*violence à distance*". Il évoque ainsi l'usage militaire de cet objet qui offre un avantage dans les guerres asymétriques aux belligérants qui en disposent. Il affirme notamment que « *Les drones mettent en œuvre [] leurs capacités à exercer une surveillance constante. [] Le recours aux drones est également le fruit d'un arbitrage en faveur du capital, aux prix reconnus d'une moins grande*

[55] https ://lanationbenin.info/giacomo-rambaldi-au-sujet-de-lusage-des-drones-agricoles-en-afrique-le-marche-commence-par-repondre/ (consulté le 17 novembre 2020)

efficacité stratégique.[56]». Bernard Pellecuer lui, dans son livre *Drones et agriculture* a démontré l'adéquation parfaite des drones aux besoins des agriculteurs, ainsi que l'immense potentiel de développement qu'ils offrent. Redouane Ayad a pour sa part imaginé et réalisé un drone quadrirotor, enfin Alexandre Cassart dont les travaux ont porté sur les aspects juridiques liés à l'exploitation du drone. Mais aussi curieux que cela puisse paraître, aucun de ces chercheurs et développeurs ne s'est préoccupé du devenir de l'information issue des drones après la satisfaction de la demande du commanditaire.

Résultats de la recherche

Les résultats de cette recherche se présentent comme une observation expérimentale suivie d'une relecture d'ouvrages scientifiques assortie de critiques et d'un regard croisé sur le drone sur les aires cultivées.

Observation expérimentale de la production d'aide à la décision

Il faut par ailleurs préciser que des informations transcrites de nos échanges avec une équipe du service de drone dénommé « Global Partners » spécialisé dans l'offre de service de soutien aux agriculteurs au Bénin ont été prises en compte dans cet article. L'équipe est composée d'un opérateur de drone, d'un analyste de données de système d'information géographique (SIG), d'une assistante administrative, d'un coordonnateur de projet, d'un Directeur des systèmes d'innovation et d'un Directeur Général. La feuille de route d'une action d'aide à la décision avec les données de Global Partners se présente en trois phases : celle préopératoire, celle de la collecte proprement dite, et celle de

[56] https ://journals.openedition.org/socio-anthropologie/1617 (consulté le 17 novembre 2020)

l'analyse et de la présentation des résultats qui aideront à la prise de décision.

Phase de précollecte

L'élément essentiel à cette étape primordiale est l'obtention d'un accord auprès des autorités aéronautiques pour opérer dans un espace dont les coordonnées sont rendues disponibles pour la délivrance de l'autorisation de vol. À cet effet, l'opérateur de drone opère les actions suivantes :

1- une vérification de l'espace aérien (un accord de coordination est nécessaire pour éviter les interférences entre les signaux du drone et les zones à statut particulier telles que : zone réglementée, dangereuse ou interdite ; l'emprise d'un aéroport ou d'un aérodrome ; la proximité d'une infrastructure destinée à l'atterrissage ou au décollage d'avions) ;
2- une prise de contact avec le gestionnaire de l'espace aérien (ANAC pour ce qui est du Bénin) ;
3- une prise de contact avec les communautés à impacter afin d'établir une clause en lien avec les informations relatives à la mission à réaliser dans la localité (un accord-cadre suffisamment simple qui s'étend sur toute la période de la mission) ;
4- l'obtention de l'accord de survol de l'espace aérien auprès du gestionnaire qui en a la charge dans le respect de la législation en vigueur.

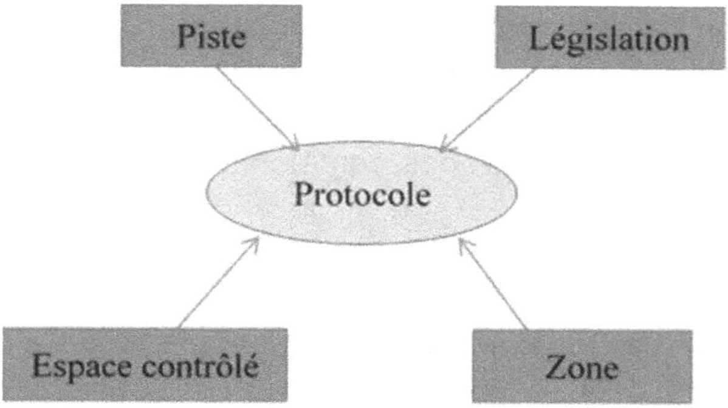

Phase de collecte de données

❖ Pendant le vol

À cette étape l'opérateur drone renseigne la fiche technique de traçabilité qui permet de valider les opérations. Cette fiche comporte notamment les informations suivantes :

- les renseignements concernant la mission (le nom de la mission, l'objectif de la mission, la date, le type de drone, la localisation, les applications utilisées, le nom du pilote et le nom du copilote) ;
- les informations météorologiques ;
- les autorisations de vol ;
- la préparation et la sauvegarde du plan de la mission ;
- la vérification du matériel ;
- le choix de la piste de décollage et d'atterrissage du drone ;
- le vol proprement dit.

❖ Après le vol

Après le vol, l'opérateur de drone procède à la vérification du matériel et le retrait de la carte SD pour la vérification du bon enregistrement des données. Les données collectées sont stockées sur deux disques durs (internes et externes) et remises au spécialiste analyste aux fins de produire des cartes et des commentaires pour l'aide à la décision.

Phase d'analyse et de présentation des données

Lorsqu'il reçoit les données, l'analyste procède à leur duplication sur un ordinateur et un support externe. Il procède ensuite à l'observation minutieuse des images l'une après l'autre pour supprimer celles qui sont moins nettes et présentant des bandes hachurées. Il crée ensuite un dossier projet d'analyse sur son ordinateur pour les y intégrer.

Les données obtenues sont uploadées dans les logiciels Pix4Dfields, Pix4Dmapper, ArcGIS pour la production de la carte de masse et des cartes spécifiques à la commande. Les logiciels utilisés permettent d'obtenir les informations d'ortho photographie à savoir : la durée du vol, l'altitude, le nombre d'images et la résolution de ces dernières. La géolocalisation avec Google MAP permet d'avoir les mensurations complètes : longueur, superficie, volume, etc. Les informations de Google MAP sont susceptibles d'être obtenues également avec le logiciel ArcGIS.

Le drone offre une bonne photogrammétrie. Une technique innovante, efficace et précise pour accéder aux données géo référencées de l'existant. Les images du drone sont en 3D, ortho photographiques, nuage de points, donnant accès aux variables métriques, topographiques et géographiques de l'existant. Nous avons par exemple un modèle numérique de surface qui nous présente le volume de déboisement. Le modèle numérique de terrain nous donne la photographie exacte du terrain pour en déduire le volume de déblais et de remblais. En superposant les informations d'ortho photographie et le plan cadastral, on obtient une haute précision des espaces visités.

L'analyste produit le rapport en se basant sur les objectifs de la mission. Il fait valider le rapport par l'opérateur drone qui était sur le terrain avant de le soumettre au commanditaire.

Les cartes sont ensuite imprimées sur les supports recommandés retenus de commun accord avec le commanditaire. S'il y a lieu, une communication est faite sur les réseaux sociaux pour rendre compte de la conduite du projet lorsque des clauses de confidentialité ne l'interdisent pas. Le Directeur des systèmes d'innovation conduit ensuite une étude de satisfaction pour s'assurer de la bonne exécution du projet et négocie au besoin de nouvelles facettes du projet au bénéfice du commanditaire à des coûts accessibles et profitables à tous.

Chaque logiciel utilisé pour l'analyse de données est connecté à internet. Google MAP a déjà la notoriété d'être conservateur de données. L'équipe de Google en fait usage à volonté à des fins non toujours contrôlables par les acteurs qui y ont stocké leurs informations. Il en est de même des informations traitées avec les logiciels de Pix4D et ArcSIG. C'est un processus qui s'apprécie comme l'art de la production de données pour les constructeurs de drones et les propriétaires de logiciels d'analyse spécialisés. Tout ceci ne génère aucune rétro commission ni capacité d'objection de la part de la société qui offre le service drone, encore moins du commanditaire ou d es autorités politico-administratives des espaces d'où les données ont été collectées.

Processus synthétisé de la collecte des données avec le drone

La collecte d'information peut être faite manuellement ou programmée dans un plan de vol du drone. Quand elle est manuelle, elle fait intervenir l'expertise du pilote pour la capture d'images spécifiques. Mais cette méthode n'impose pas la capture d'images à analyser ensemble. Le drone ne peut effectuer que « *trois modes de vol : vol vertical, vol stationnaire et vol de translation* »[57].

Quel que soit le mode de vol, des captures d'images sont possibles. Il y a la collecte d'image manuelle, mais aussi la collecte automatisée d'images à grande échelle. Les algorithmes mis en place permettent une communication régulière entre le drone et la base, en contact grâce aux ondes de fréquences sans fil. En effet,

> *« le programme transmet ces données au PC embarqué du drone via des modules ZigBee toutes les 30ms. Il n'a pas été possible d'augmenter cette fréquence de 33Hz sans perdre la fiabilité des données, probablement à cause de limitations Hardware des modules ZigBee. Néanmoins, la dynamique du système étant nettement plus lente, cette configuration suffit. L'envoi sans fil des informations engendre une latence d'environ 30ms, à laquelle s'ajoute 30ms de plus entre la réception des données par le PC embarqué jusqu'à l'exécution par les actionneurs »*[58].

Les options techniques de l'intelligence artificielle associées à la disponibilité des acteurs à comprendre et à dompter le travail agricole pour plus de rendement ont ouvert la vanne à toutes les possibilités au grand plaisir des concepteurs de logiciels et de drones motorisés ou planants. L'utilisation d'engrais est capitale pour certaines cultures. Elle peut induire des pertes massives si un surdosage est enregistré, par exemple dans la culture d'ananas. Les satellites et les drones donnent des précisions sur le positionnement géographique des champs. Cette information est

---

[57] Redouane AYAD, *Conception et réalisation d'un drone quatrirotor*, diplôme de Magister en automatique, Université des Sciences et de la *Technologie d'Oran* Mohamed Boudiaf, Alger, 2010, p20

[58] Sylvain Thorel, *Conception et réalisation d'un drone hybride sol/air autonome*. Thèse de doctorat en informatique temps réel, robotique et automatique, Ecole Nationale Supérieure des Mines de Paris, Paris, 2014, p171

d'autant plus précieuse qu'elle peut faciliter une intervention spécifique à impact localisé sur un espace donné comme cela est de mise dans la fonction native du drone, qui consistait au repérage de la position adverse en temps de belligérance. L'observation initiale faite par le satellite ou le drone est un élément essentiel de prise de décision. Elle permet d'exprimer avec précision la quantité d'engrais ou d'eau à apporter au sol pour assurer une bonne croissance à la plante. L'état du stress hydrique est fourni avec précision, ce qui épargne l'agriculteur du gaspillage d'eau sur des plantes qui n'en ont pas besoin. L'excès d'eau est même létal pour certaines cultures.

Pour créer les Geotile, les données sont intégrées à la plate-forme de ESRI (planet.com/esri). Cela permet une analyse intégrée avec sollicitation des métadonnées. « *le drone permet d'optimiser l'utilisation d'eau, de pesticides, de prévenir un quelconque aléa et d'augmenter la rentabilité de l'exploitation* »[59]. Certains constructeurs de drones tel que AIRINOV offrent la possibilité de visualisation des données sur Google Earth. « *Le géo référencement des ortho photos produites par AIRINOVR permet un affichage dans des outils de SIG ou dans GoogleEarth* »[60].

Ainsi, le drone démontre avec satisfaction son utilité pour l'agriculteur. Mais l'ensemble des données qu'il collecte se trouvent être réparties sur différentes plates-formes en ligne. C'est aussi et surtout un outil d'espionnage des succès réalisés par les Africains. En somme, l'informatique embarquée, la robotique et la numérisation des données ne sont rien d'autre que des technologies de l'information et de la communication de plus en plus miniaturisées pour servir les besoins de l'humain, notamment pour améliorer ses conditions de travail. Mais tout

---

[59] AVANADE, *smart agriculture*, Occitanie, 2011, p5

[60] Nathalie VIGNEAU, Corentin CHERON, Aleixandre VERGER, Frédéric BARET, *Imagerie aérienne par drone : exploitation des données pour l'agriculture de précision,* INRA, p5

ceci n'est pas sans conséquence sur le droit à la protection de l'image, de la vie privée, et des autres droits connexes. Le concurrent ou le saboteur peut se procurer les informations mises en ligne pour semer la désolation en pulvérisant par exemple plus d'eau que nécessaire ou plus d'engrais que d'utile.

Nonobstant, la violation des intimités spatiales, les experts conviennent que « *dans le milieu actuel, usage des technologies de l'information et de la communication durable n'est pas une option, c'est une nécessité. Ces outils et technologies peuvent fournir des données valables qui peuvent être utilisées pour influencer les politiques et les décisions* »[61]. L'agriculture de précision combine la collecte des données des capteurs à l'analyse en ligne des données en temps réel pour offrir des opportunités indéniables aux agriculteurs.

La présence de réglementation en matière de vol est un facteur favorable à la bonne exploitation du potentiel des drones au service de l'agriculture. À ce jour, la réglementation en la matière n'est pas harmonisée pour l'ensemble des pays africains, bien que la Commission de l'Union Africaine ait recommandé l'usage des drones dans l'agriculture dans ses pays membres, comme indiqué supra. Le tableau ci-après présente la photographie de la situation de régulation de l'usage des drones dans les États africains. Les pays non indiqués sont ceux dans lesquels aucune information officielle n'est encore disponible. Nous retenons qu'il n'y a aucune initiative de réglementation à l'heure actuelle.

---

[61] Gerard SYLVESTER, *E-agriculture in action : drones for agriculture*, FAO, ITU, Bangkok, 2018, p1

Tableau 1 : Statut de la régulation de l'usage des drones par pays en Afrique

Statuts	Pays
Régulation disponible	Botswana, Cameroun, Gabon, Ghana, Madagascar, Mauritius, Namibia, Nigeria, Rwanda, Seychelles, South Africa, Swaziland, Tanzania, Zambia et Zimbabwe.
Références minors intégrées à la règlementation aéronautique	Benin, Burkina Faso, Chad, Côte d'Ivoire, Mali, Mauritania et Sénégal.
Régulation en cours de mise en place	Angola, Kenya et Malawi.

Source : (SYLVESTER, 2018 : 20)

Agriculture de précision

« *Le drone peut avoir plusieurs usages dans l'agriculture qui justifient son utilisation. Il favorise le rendement, l'inspection rapide des parcelles ou leurs prises de mesure, l'évaluation instantanée des dégâts de gibiers ou climatiques, la surveillance des parcelles et l'épandage facile* »[62]. Ces usages agricoles s'observent déjà dans plusieurs pays, dont le Bénin. Ils permettent l'efficacité dans l'action, la bonne gestion du temps de travail, et la limitation des pertes de production. « *L'imagerie aérienne grâce à des capteurs multi spectraux haute résolution permet de connaître la vitalité des plantations en analysant la qualité de lumière qu'elles absorbent et réfléchissent. L'agriculteur peut alors prendre les décisions qui s'imposent, en connaissant l'état précis de ses plants, et à un niveau de micro-parcellaire* »[63]. Deux familles de drones sont mises à contribution pour parvenir à l'optimisation du rendement. Il s'agit de :

> *« (i) les drones capturant de la donnée, utile en agriculture de précision. Cet outil vise l'optimisation des rendements et des investissements. Les drones donnent de*

[62] https ://www.abot.fr/agriculture-2779 (consulté le 16 novembre 2020)

[63] https ://www.abot.fr/agriculture-2779 (consulté le 16 novembre 2020)

précieuses données pour évaluer l'état de santé des parcelles. Les capteurs multi spectraux spécifiquement développés pour l'agriculture analysent les données dans les bandes spectrales discrètes. Toutes les données sont géo-référencées et directement utilisables par l'exploitant agricole ou le gestionnaire d'environnement. Elles permettent d'établir différents rapports : (a) Affinage de la fertilisation, par la détection des carences nutritives ; (b) Optimiser l'apport en pesticide, par la prévention et l'identification de stress biotique ; (c) Contrôler l'irrigation des cultures, par la détection de menace de stress hydrique ; (d) Estimer les rendements agricoles, par l'exploitation des indices agronomiques. (ii) Les drones effectuant des travaux d'épandage ou de pulvérisation. Ces derniers permettent de traiter les parcelles, parfois difficiles d'accès, en pulvérisant des produits phytosanitaires liquides ou par épandage de granulés, qui peuvent être des produits de bio-contrôle. A l'aide d'un plan de vol préprogrammé, le drone parcourt la parcelle et pulvérise de manière extrêmement précise et fiable »[64].

Cette technique de collecte de données d'aide à la décision a été appliquée dans un champ d'ananas au Bénin en vue d'y expérimenter l'agriculture de précision. À la faveur d'un appui technique de la CTA, la société « Global Partners » s'est investie dans l'offre d'assistance aux producteurs agricoles. *« Global Partners aide les agriculteurs à surveiller la santé de leurs cultures, à évaluer les besoins des plantes en nutriments et à en déduire des recommandations en matière d'engrais. Ces services peuvent aider les petits exploitants à accroître leurs productivités et productions agricoles et à améliorer leurs revenus »*[65]. Cette technique a été mise au profit des producteurs

[64] https ://www.flyingeye.fr/drone-agricole/ (consulté le 16 novembre 2020)

[65] http ://www.gblpartner.com/exploration-de-ladoption-des-drones-en-agriculture-au-benin-perceptions-et-consentement-a-payer-des-petits-

d'ananas. À la suite du relevé de l'état des plantations, un programme de suivi périodique a été mis en place. Les données collectées ont permis de faire entre autres le décompte des pieds d'ananas dans les champs, les apports ciblés d'eau et d'engrais pour les plants d'ananas dont l'état imposait des apports en nutriments. Deux familles de drones ont été utilisées pour offrir cette assistance aux producteurs d'ananas. Il s'agit d'un drone de collectes de données et d'un drone épandeur. Cette action a permis de faire des économies en usage d'eau, d'engrais et de pesticides dans les champs. Les apports étaient ciblés et ne nécessitaient pas d'arroser ou d'épandre de l'engrais ou des pesticides dans toute la plantation. Ce ciblage a été possible grâce à l'analyse des données fournies par le drone de surveillance de la plantation. Grâce à cette surveillance , le producteur anticipe et évite des pertes massives de récolte avant, pendant et après la croissance des plants d'ananas. Le suivi de la production est désormais fait depuis l'observation de l'état nutritionnel du sol nu jusqu'à la cueillette des ananas murs. Une étude récente financée par la Commission Européenne et réalisée par Doriane Desclee (Université de Gembloux), Christophe Kinha, Sandra Payen, David Sohinto, Jean-Claude Govindin (CIRAD) et Freddy Padonou sur l'« analyse de la chaîne de valeur ananas au Bénin »[66] a montré une progression de la production d'ananas à l'hectare qui est passée de 25 tonnes à 50 tonnes entre les producteurs isolés et les producteurs encadrés. Le mécanisme d'encadrement ayant intégré l'usage des drones.

Conclusion

Les opérations de collecte d'informations avec les drones conduisent à la capture *sui generis* de données massives. Le

---

producteurs-pour-les-services-de-drones/ (consulté le 15 novembre 2020)

66

https ://europa.eu/capacity4dev/file/103107/download ?token=JwUGEFB8 (consulté le 16 novembre 2020) drone peut être doté de capteur Bluetooth, de capteur wifi, de capteur 3G, de capteur 4G pour diffuser en continu les informations vers un serveur de sauvegarde en ligne ou sur le Cloud. Ces informations servent, certes, à satisfaire la demande du commanditaire principal, mais elles sont ensuite stockées dans des espaces de libre accès. En fonction des contrats signés par les services drone avec leurs clients ou donneurs d'ordre, on peut facilement faire des ré exploitations diverses de ces données. Les constructeurs de drones et leurs plates-formes d'analyse sont donc des espaces de sauvegarde dont on peut se défier en raison de l'incertitude de ses finalités à moyen et long termes. Nous ne devons pas perdre de vue la fonction native du drone, celle de la collecte d'informations stratégiques militaires. La guerre de demain se prédit être dans l'espace numérique, mais nul ne sait sous quelle forme elle pourrait s'opérer. L'attaque des plantations agricoles n'est pas loin d'être un des desseins potentiels de cette guerre, d'où la nécessité de mettre en place les outils de sécurité infrastructurelle face à l'expansion de la technologie du drone agricole.

Bibliographie

Kossi AMESSINOU, *Technologies mobiles en milieu agricole au sud Bénin : cas des producteurs d'ananas*, thèse de doctorat en sciences de l'information et de la communication, Université Bordeaux Montaigne, Bordeaux, 2018, 275 p.

Alexandre CASSART, *Le droit des drones*, Les Cahiers Lysias, Société d'édition électronique sur l'économie et le droit, 2017, 188 p.

AVANADE, *smart agriculture*, Occitanie, 2011, 9p.

Bernard PELLECUER, *Drones et agriculture*, Éditions France Agricole, Collection agri production, 2017, 160p.

Frédéric Ocqueteau, « Grégoire Chamayou, *Théorie du drone* », *Champ pénal/Penal field* [En ligne], Vol. X | 2013, mis en ligne le 07 novembre 2013, consulté le 19 juin 2018. URL : http ://journals.openedition.org/champpenal/8709

Gérard SYLVESTER, *E-agriculture in action : drones for agriculture*, FAO, ITU, Bangkok, 2018, 113p.

Hanaa Ait Kaikai, *Appropriation des Technologies de l'Information et de la Communication au sein de l'Université marocaine : Perceptions des étudiants*, Université Hassan II Mohammedia, Maroc, frantice.net, numéro 8, avril 2014, pp 33-49.
http ://www.frantice.net/docannexe/fichier/941/5.%20KAIKAI.pdf (consulté le 17 novembre 2020)

Jean François Trinquenoste et Marc Bidan, « *Regards croisés sur le processus d'appropriation des Technologies de l'information et de la communication* » cités par le magazine Management et avenir, n°2011/5 (n°35), pp.175-178

Karima BENZAID, Noura MANSOURI, Ouiddad LABBANI-IGBIDA, *Analyse Comparative de Différentes Stratégies de Commande d'un Quadrirotor*, Université Constantine, 2017, 7p.

MD. ALIMUZZAMAN, *Agricultural Drone*, Researchgate, University Of Bedfordshire, Luton, 2015, 5p.

Nathalie VIGNEAU, Corentin CHERON, Aleixandre VERGER, Frédéric BARET, *Imagerie aérienne par drone : exploitation des données pour l'agriculture de précision,* INRA, 7p.

Pierre Delort, *Le Big Data : « Que sais-je ? »* Presses Universitaires de France / Humensis, 2018, ISBN 978-2-13-080376-8
https ://www.bookeenstore.com/ebook/9782130803768-le-big-data-2e-edition-pierre-delort/ (consulté le 17 novembre 2020)

Redouane AYAD, *Conception et réalisation d'un drone quatrirotor*, diplôme de Magister en automatique, Université des

Sciences et de la *Technologie d'Oran* Mohamed Boudiaf, Alger, 2010, 80 p.

Sébastien CHOGNARD, *Drones et agriculture : aspect généraux et étude de cas*, Diplôme d'ingénieur agronome, Université de Toulouse, Toulouse, 2013, 55p.

Sophie Lefeez, Grégoire Chamayou, « *Théorie du drone* », *Socio-anthropologie* [En ligne], 28 | 2013, mis en ligne le 23 septembre 2015, consulté le 19 juin 2018. URL : http ://journals.openedition.org/socio-anthropologie/1617

Sylvain THOREL, *Conception et réalisation d'un drone hybride sol/air autonome*. Thèse de doctorat en informatique temps réel, robotique et automatique, Ecole Nationale Supérieure des Mines de Paris, Paris, 2014, 216p.

Thomas Davenport, *Stratégie Big Data*, 2014, 264p

Tullio Joseph TANZI, « Drones… quelques réflexions…, » *Séminaire Drone*, LIM, Février 2014, 58p.http ://lim.univ-reunion.fr/web-data/seminaire/slides/seminaire-tullio-20140206.pdf (consulté ce 04 juin 2018 à 16h56)

Yves Eychenne, Jean-Charles Cointot, *La Révolution Big data : Les données au coeur de la transformation de l'entreprise*, 2014, 2040p

Rapport d'activités 2015 et perspective 2016, Académie des technologies, voté le 13 mai 2015, p.16. http ://academie-technologies-prod.s3.amazonaws.com/2016/05/03/13/33/05/549/ADT_RA_2015_16_BD_pap.compressed.pdf (conslté le 17 novembre 2020)

https ://www.voaafrique.com/a/des-drones-camerounais-pour-voir-lafrique-autrement/3267473.html (consulté le 19 juin 2018)

https ://www.africa2a4tv.com/fr/afrique-des-drones-au-service-de-la-sante-et-de-leconomie (consulté le 19 juin 2018) http ://www.jeuneafrique.com/mag/299996/economie/techno logies-cote-divoire-envoie-drones-a-lassaut-de-foncier-rural/ (consulté le 19 juin 2018)

https ://www.azurdrones.com/fr/survey-drones/agriculture (consulté le 19 juin 2018)

https ://www.actualitesdudroit.fr/browse/afrique/droits-nationaux/10371/de-l-utilisation-des-drones-en-afrique-quel-marche-et-quelle-reglementation (consulté le 19 juin 2018)

https ://www.cta.int/fr/projects/eyes-in-the-sky (consulté le 22 février 2019)

http ://drones-readiness-index.herokuapp.com/ (consulté le 15 novembre 2020)

http ://www.gblpartner.com/exploration-de-ladoption-des-drones-en-agriculture-au-benin-perceptions-et-consentement-a-payer-des-petits-producteurs-pour-les-services-de-drones/ (consulté le 15 novembre 2020)

https ://www.lebigdata.fr/definition-big-data (consulté le 16 novembre 2020)

HYPERLINK "https ://www.futura-sciences.com/tech/definitions/informatique-intelligence-artificielle-555/" https ://www.futura-sciences.com/tech/definitions/informatique-intelligence-artificielle-555/ (consulté le 16 novembre 2020)

http ://www.ere-occitanie.org/contenus/medias/2017/04/OPECST_rapport _Intelligence_artificielle_synthese_4pages.pdf (consulté le 16 novembre 2020)

HYPERLINK "https ://www.abot.fr/agriculture-2779" https ://www.abot.fr/agriculture-2779 (consulté le 16 novembre 2020)

https ://www.flyingeye.fr/drone-agricole/ (consulté le 16 novembre 2020) https ://www.futura-sciences.com/tech/definitions/informatique-big-data-15028/ (consulté le 16 novembre 2020)

https ://europa.eu/capacity4dev/file/103107/download ?token=JwUGEFB8 (consulté le 16 novembre 2020)

https ://lanationbenin.info/giacomo-rambaldi-au-sujet-de-lusage-des-drones-agricoles-en-afrique-le-marche-commence-par-repondre/(concülté le 17 novembre 2020)

TABLE DES MATIÈRES

Structures éditoriales du groupe L'Harmattan

L'Harmattan Italie
Via degli Artisti, 15
10124 Torino
harmattan.italia@gmail.com

L'Harmattan Hongrie
Kossuth l. u. 14-16.
1053 Budapest
harmattan@harmattan.hu

L'Harmattan Sénégal
10 VDN en face Mermoz
BP 45034 Dakar-Fann
senharmattan@gmail.com

L'Harmattan Cameroun
TSINGA/FECAFOOT
BP 11486 Yaoundé
inkoukam@gmail.com

L'Harmattan Burkina Faso
Achille Somé – tengnule@hotmail.fr

L'Harmattan Guinée
Almamya, rue KA 028 OKB Agency
BP 3470 Conakry
harmattanguinee@yahoo.fr

L'Harmattan RDC
185, avenue Nyangwe
Commune de Lingwala – Kinshasa
matangilamusadila@yahoo.fr

L'Harmattan Congo
67, boulevard Denis-Sassou-N'Guesso
BP 2874 Brazzaville
harmattan.congo@yahoo.fr

L'Harmattan Mali
ACI 2000 - Immeuble Mgr Jean Marie Cisse
Bureau 10
BP 145 Bamako-Mali
mali@harmattan.fr

L'Harmattan Togo
Djidjole – Lomé
Maison Amela
face EPP BATOME
ddamela@aol.com

L'Harmattan Côte d'Ivoire
Résidence Karl – Cité des Arts
Abidjan-Cocody
03 BP 1588 Abidjan
espace_harmattan.ci@hotmail.fr

Nos librairies en France

Librairie internationale
16, rue des Écoles
75005 Paris
librairie.internationale@harmattan.fr
01 40 46 79 11
www.librairieharmattan.com

Librairie des savoirs
21, rue des Écoles
75005 Paris
librairie.sh@harmattan.fr
01 46 34 13 71
www.librairieharmattansh.com

Librairie Le Lucernaire
53, rue Notre-Dame-des-Champs
75006 Paris
librairie@lucernaire.fr
01 42 22 67 13

www.ingramcontent.com/pod-product-compliance
Lightning Source LLC
LaVergne TN
LVHW010941061026
849535LV00007B/2514